URSULA LÖCKENHOFF

Dogwalk

Gemeinsam unterwegs –
Ideen für eine glückliche
Mensch-Hund-Beziehung

MIT KOSMOS MEHR ENTDECKEN
WIE HUNDE **FREUDIG** FOLGEN
SEIT 1822

KOSMOS

☞ *Inhalt*

»Hunde machen mein Leben vollkommen!«

Ursula Löckenhoff

ZU DIESEM BUCH

»In Dir muss brennen, was Du in anderen entzünden willst!«

Augustinus

Ich arbeite seit vielen Jahren im Bereich der Mehrhundehaltung – sowohl mit Tierschutzhunden als auch mit Hunden aus privater Hand. Meine Erfahrungen basieren deshalb auf intensiven Beobachtungen mit gut sozialisierten Hunden, aber auch mit Hunden, die ohne viel menschlichen Kontakt gehalten wurden.
Hunde aus Einzelhaltung treffen hier auf eine gut strukturierte, harmonische Hundegruppe. Unter Anleitung ihres wichtigsten Sozialpartners, des Menschen, knüpfen sie soziale Kontakte zu ihren Artgenossen. Ich führe meine Hundegruppe dabei durch natürliche und häusliche „Räume" innerhalb der Großstadt (Stadt, Wald, Wiesen und Wasser). Es gibt mir die Möglichkeit, das Verhalten des Einzelnen und das der Gruppe in Natur und Haus zu beobachten und entsprechend zu steuern. Der enge Austausch mit den Hundehaltern lässt mich die unterschiedlichen Probleme der Hundehaltung im Großstadtleben erkennen – egal ob es sich nun um einen Tierschutzhund oder einen Hund aus seriöser Zucht handelt.
Mein Ziel ist es, dass sich der Hundehalter mit seinen Stärken und Schwächen als Mitglied in der Mensch-Hund-Gruppe erkennt, um dadurch natürliche Möglichkeiten der Kommunikation mit dem Hund in reiner Form zu finden, ganz ohne Dressur und Konditionierung. Gleichzeitig möchte ich den Hund darin unterstützen, ein eigenständiger und positiv agierender Bestandteil der Mensch-Hund-Gruppe zu werden.

Obwohl ich schon immer ein „Stadtkind" war, haben mich von klein auf erst Ponys, dann Pferde und immer Hunde begleitet. Früher war das Leben mit einem Haustier viel einfacher. Als Kinder

wurden wir am Wochenende ohne Sattel auf die Ponys gesetzt. Die Ponys waren mehr Wild- als Reitpferde. Sie waren nie richtig eingeritten worden und hatten unter der Woche nur Weidegang. Ein Handy für den Notfall gab es nicht. Welchen Notfall auch?
Unser Hund war, außer in der Schule und im Ballettunterricht, mein ständiger Begleiter: Er hörte mir zu, wenn ich Vokabeln lernte, und er schlief nachts neben meinem Bett. Während ich das Pferd putzte, lag er faul in der Sonne, und beim Ausritt lief er freudig nebenher. Musste ich einkaufen, band ich ihn am Laden am dafür vorgesehenen Haken an. Ging es zum Metzger, konnte ich die Bestellung von draußen aufgeben, und selbstverständlich bekam der Hund eine Scheibe Wurst. Das Balletttraining war mir schon deshalb ein Graus, weil mein Hund nicht mitdurfte.

Das Leben mit einem Hund ist heute komplizierter geworden. Die Städte sind dichter besiedelt als früher. Es gibt mehr Hundehalter und auch die Zahl der Hunde pro Haushalt wächst stetig. Die Wissenschaft interessiert sich für den Haushund, seine Evolution, sein Verhalten, seine körperlichen und geistigen Fähigkeiten. Der Hund ist zum Wirtschaftsfaktor geworden. Immer neue Trainingsansätze und -methoden versprechen, dass das Raubtier Hund ganz Haushund wird, wenn es nur entsprechend artgerecht ausgelastet wird. Der Hundehalter kann Kurse und Lehrgänge vom Antijagd- bis zum Giftködertraining besuchen. Und um den Stundenplan rund zu machen, werden die unterschiedlichsten Sport- und Freizeitideen angeboten. Es wird nicht vorher nachgedacht, ob man die freigesetzten Talente des Hundes auch kontrollieren oder wieder zurückführen kann. Vieles wird begonnen und nicht zu Ende geführt. Und fertig ist er, der „Stadthund-Neurotiker“, an dem selbst Woody Allen seine Freude hätte.

Alle meine Hunde waren und sind Begleithunde. Sie begleiten mich durch einzelne Wegabschnitte meines Lebens: meine Familie, meine Freunde, meinen Alltag. Nicht mehr und nicht weniger. Ich möchte keine neuen Theorien erfinden und auch nicht vorschreiben, wie man einen Hund erziehen und halten soll. Das könnte ich auch gar nicht, denn Ihr Hund muss ja in Ihren ganz eigenen Alltag passen.
Ich möchte vielmehr meine Beobachtungen und Erfahrungen mit Ihnen teilen. Es sind die kleinen unspektakulären Dinge, auf die wir wieder achten sollten. Denn auch im Stadtalltag kann ein Hund Hund sein und uns glücklich folgen, egal ob Tierschutzhund oder Rassehund vom Züchter und ganz gleich mit welcher Vorgeschichte.

Folgen Sie mir auf einem „DogWalk“ durch das Buch und lassen Sie sich zurück zu den Wurzeln führen und zeigen, dass eine natürliche Basis ohne viel Drumherum eine stabile und glückliche Mensch-Hund-Beziehung gewährleistet.

Viel Freude beim Lesen und mit Ihrem Hund beim Ausprobieren neuer Wege.

Ursula Löckenhoff

KOMMUNIZIEREN

— *und eine Einheit bilden*

DIE KONTAKTAUFNAHME

Kommunikation kommt aus dem Lateinischen (communicare) und bedeutet „teilen, mitteilen, teilnehmen lassen; gemeinsam machen, vereinigen".

»Kommunikation ist ein Wechselspiel aus Geben und Nehmen.«

Ursula Löckenhoff

Über Kommunikation tausche ich mich aus, ich gebe Informationen genauso, wie ich sie aufnehme, ich schaffe Gemeinsamkeiten – eine normale Aktion im sozialen Miteinander und eigentlich kein Grund, sich darüber weiter Gedanken zu machen. Gäbe es da nicht die lieben kleinen Missverständnisse, Fehler in und während der Kommunikation, die einfach zu lösen wären, aber auch zu großen, scheinbar unüberwindbaren Problemen führen können.

Je aufmerksamer der Zuhörer, desto erfolgreicher der Austausch.

AUSDRUCKSMITTEL

Die Kontaktaufnahme sollte geübt werden, damit es nicht zu Verständigungsproblemen kommt. Augen, Stimme und Körpersprache sind wichtige Ausdrucksmittel für einen stimmigen Dialog. Sie müssen für den jeweiligen Hundetyp wohldosiert angepasst und entsprechend eingesetzt werden. Für einen robusten, dickfelligen Hund braucht es also mehr Ausdruckmittel, um im Dialog zu bleiben, als für den sensiblen Skeptiker. Hier ist meist schon ein Blick ausreichend.
Ein Beispiel: Golden Retriever Emma, immer ein bisschen verträumt, braucht mehr Signale für die Kontaktaufnahme als der hochmotivierte Vizsla Henry.
Auch die jeweilige Situation bestimmt, ob unsere Kommunikationsmittel stärker oder schwächer zum Einsatz kommen. Und ganz wichtig für die Kontaktaufnahme und den sich anschließenden Dialog ist die Aufmerksamkeit meines vierbeinigen Teamplayers. Möchte ich etwas mitteilen, brauche ich einen aufmerksamen Zuhörer. Je aufmerksamer der Zuhörer, desto besser und fruchtbarer unser Austausch. Wenn ich zum Beispiel ein Kind, das völlig vertieft seine Lieblingsserie im Fernsehen anschaut, bitte, nicht mehr mit dem Stuhl zu kippeln, habe ich keinen Zuhörer und die Information kann nicht aufgenommen werden. Sie verpufft als „Mama-Monolog" im Wohnzimmer. Tippe ich aber das Kind kurz an (über Körperlichkeit), dreht es sich zu mir um und schaut mich an (Augenkontakt). Jetzt kann ich es bitten, mit der Kippelei aufzuhören (über die Stimme). Genauso verhält es sich, wenn ich etwas von meinem Hund möchte.

Vertrautes Herumalbern festigt die Freundschaft.

ÜBEN IM NAHBEREICH

„Distanz schafft Nähe“ sagt man. In Bezug auf die Kommunikation mit meinem Hund hat sich der Satz nicht bewährt. Alles, was ich meinem Hund im Nahbereich nicht plausibel erklären kann, wird logischerweise auf die Entfernung dreifach schwerer durchzusetzen. Wenn ich beispielsweise mit meinem Kind Seite an Seite durch den Supermarkt laufe und ich kann es nicht davon abhalten, Schokolade links und rechts aus den Regalen zu nehmen, dann ist es mir erst recht unmöglich, mein schon zur Süßigkeitenabteilung vorgelaufenes Kind davon abzuhalten, die Pralinenschachtel zu öffnen und zu probieren.

»Wer spricht, sät, und wer zuhört, erntet.«

Sprichwort

01

02

03

04

So verhält es sich auch mit unseren Hunden. Ein Beispiel: Ich laufe mit Wolfi Seite an Seite. Auf dem Weg liegt ein Stück Brot. Ich kommuniziere deutlich, dass ich nicht möchte, dass er das Brot aufnimmt: mit meiner Stimme „Nein – das lassen wir liegen“ und mit richtungsweisendem Fingerzeig (Körper). Meine Augen sind dabei fest auf Wolfi gerichtet, was bedeutet: „Ich seh dich“. Wir laufen unaufgeregt und relativ entspannt daran vorbei. Auf einer Wiese angekommen, vergrößert Wolfi die Distanz. Er findet wieder etwas Essbares und überprüft, ob ich ihn sehe. Ich erwidere seinen Blick: „Ja, ich seh dich!“ (Augen), sage deutlich „Nein!“ (Stimme) und die erhobene Hand (Körper) bittet um Rückkehr. Wolfi wendet sich ab und kommt zurück. In diesem Fall kann man ein Leckerli geben: „Gut gemacht!“ Je futteraffiner der Hund, desto schwieriger wird es, ihn in einer solchen Situation im Dialog zu halten. Tipp: Leinen Sie kurz an und führen Sie den Hund an „der Versuchung“ vorbei, das hilft konsequent zu bleiben.

TIPPS UND ÜBUNGEN ZUR KONTAKTAUFNAHME

Futter-, Trickspiele und gemeinsames Kuscheln, all das schafft Nähe und dient dem Kontaktaufbau. Wichtig ist aber, dass der Hund die für den Alltag nötigen Handlungsabfolgen versteht. Zum Beispiel: Geduldig auf Futter warten, gelassen am Erzfeind vorbeimarschieren oder zuverlässig herankommen, auch wenn die Krallen geschnitten werden sollen. Außerdem sollte der Hund Sofa oder Bett nicht selbstverständlich erobern, sondern sich mit dem Hundehalter mit einem fragenden Blick, also über Kontaktaufnahme, abstimmen.

Üben mit der Hausleine Eine Hausleine leistet gute Dienste, wenn der Hund nicht herankommt oder die Kontaktaufnahme sogar ganz meidet. Man befestigt eine leichte, kurze Leine am Halsband. Fällt der Hund ins Meideverhalten, setzt man mit wenig Energie einen Fuß auf die Leine und begrenzt so den Raum. Der Hund wird

05

06

nun nicht herangezogen, sondern über das Sichtzeichen „Handzug“ (siehe Seite 30) zum Herankommen eingeladen.

Üben mit Futter Dafür nimmt man ein Leckerli für den Hund gut sichtbar in die Hand und schließt sie zur Faust. Der Hund versucht nun, an das Leckerli zu kommen. Die Faust geht auf, sobald der Hund mich fragend anschaut. Gutes Timing ist hier wichtig. Ein geübter Hund kann den Blick länger halten. Auch wenn ich dem Hund morgens und abends die Futterschale hinstelle, soll er erst schauen und fragen: „Darf ich?“ Ich gebe dann mit: „Guten Appetit!“ den Napf frei. Der Hund lernt, zu kommunizieren. Fragen lohnt sich!

Sofa oder Bett sollten nicht einfach vom Hund in Beschlag genommen werden. Der Hund sollte vorher über Augenkontakt den Hundehalter fragen. Springt der Hund einfach hoch, muss er wieder runter. Erst bei Augenkontakt darf der Hund nach oben.

FAZIT

Kontaktaufnahme erfolgt über Körper, Stimme und Augen. In dem daraus entstehenden Dialog erreiche ich als Hundehalter eine hohe Akzeptanz, indem ich meinem Hund Raum und Zeit für das Verstehen meines Anliegens gebe und in gesundem Maß eine Mitgestaltung ermögliche. Denn sich gegenseitig zuhören, gemeinsam erarbeiten und erleben, das ist Kommunikation.

01 Deutliche Korrektur mit Stimme und Körpersignal. „NEIN“.

02 Anleinen, um der Situation den Druck zu nehmen, und sicherstellen, dass Wolfi nichts aufnimmt.

03 Über die Leine kann ich mit weniger Aufwand bessere Überzeugungsarbeit leisten.

04 Wolfi folgt meinem Fingerzeig, in der Hand ist KEIN Leckerli. „Wir gehen daran vorbei!“

05 Nun ohne Leine – Wolfi ist mir verbunden. Er trifft selbst die Entscheidung, nicht zum Reiz zu gehen.

06 Wolfi ist in seiner Handlung begrenzt worden. Er hat aber auch Raum zum Verstehen bekommen. Die Übung „sitzt“ nachhaltig.

KÖRPERSPRACHE

Eine Kontaktaufnahme kann verbal und nonverbal ablaufen. Die nonverbale Kommunikation findet über Körpersprache, also über Körperhaltung, Gestik, Mimik und optische Zeichen, statt.

»Ergreift der Körper das Wort, bekommt die Geste eine Stimme.«

Ursula Löckenhoff

Es ist die älteste Form der Verständigung und bis heute läuft sie, meist unbewusst, neben dem sprachlichen Austausch ab. Im Tierreich ist körpersprachliche Kommunikation selbstverständlich. Vom Ohrenspiel über Fell aufplustern bis hin zur Körperspannung verrät ein Hund alles über seine augenblickliche Stimmung. Für das soziale Zusammenleben ist es elementar wichtig, diese optischen Zeichen richtig lesen zu können.

„REDEN IST SILBER, SCHWEIGEN IST GOLD"

Aber können wir überhaupt wirklich schweigen? Die Antwort lautet: Nein, auch schweigend sind wir noch ganz schön kommunikativ. Die meist unbewusst ausgesendeten Körpersignale von der Körperspannung bis hin zur Atmung bestimmen dabei, wie wir von unserer Umwelt wahrgenommen werden. Und treffen wir auf einen guten Beobachter, gibt unser Körper mehr von uns preis, als uns lieb ist. Unsere Hunde beispielsweise sind Spezialisten im Beobachten und Auswerten der körpersprachlichen Signale. Sie lassen sich nicht täuschen. Auf den ersten Blick registrieren sie Angst, Unsicherheit, Schwäche und enttarnen vorgetäuschte Führung. Uns Menschen jedoch geht mehr und mehr die Körpereigenwahrnehmung verloren, nicht zuletzt auch durch das Eintauchen in digitale Welten. Als Hundehalter muss ich mir aber meines Körpers bewusst sein, wenn ich unterstützend und erzieherisch richtig agieren möchte und auch die Wahrnehmung für die Körpersignale meines Hundes schärfen.

KÖRPER HUND

Hunde lernen während der Sozialisationsphase die Signale der hündischen Körpersprache zu verstehen und anzuwenden (rasseabhängig vom 21. Tag bis ca. zur 12. bis 16. Woche. 80 Prozent des Gehirns sind dann bereits schon angelegt). Sie lernen durch ihre Geschwister, an welcher Position sie in einer Hundegruppe stehen. Das lässt sie ihre eigenen Fähigkeiten besser einschätzen. Sie erfahren, dass ihr Verhalten Konsequenzen hat, denn beißen sie zu fest zu, ist das Spiel beendet, und zeigen sie der Mutter gegenüber distanzloses Verhalten, wird dies entsprechend gemaßregelt. Welpen haben in der Sozialisationsphase oft nur zu den Geschwistern Kontakt. Begegnen sich unterwegs Hunde einer Rasse, benötigen sie deshalb viel weniger Zeit zur Verständigung, es reicht ein Blick und schon ist man „Beste Freunde". Ideal für die soziale Entwicklung des Welpen ist es aber, wenn er multilingual aufwächst, das

01

02

03

»Versuchen wir, uns zu verhundlichen, statt Hunde zu vermenschlichen.«

Günther Bloch

heißt immer wieder mit unterschiedlichen Hunderassen in Kontakt kommt.
Die meisten Welpen ziehen schon mit acht bis neun Wochen in ihre Familie und leben dort meist als Einzelhund. Sie werden nicht weiter hundesprachlich geschult beziehungsweise erzogen, und hatten sie in der Geschwistergruppe einen eher niedrigeren Status, sind sie jetzt „Alleinherrscher". Letzteres gilt übrigens auch für Hunde aus dem Tierschutz, die oft in großen Gruppen nur begrenzte Vorteile hatten und, kaum in der neuen Familie angekommen, mit unangemessenen Privilegien überfordert werden. Und wenn wir uns als Hundehalter nicht bemühen, die Sprache unseres Hundes zu verstehen, führt dies unweigerlich zu einer Kette von Missverständnissen. Bei Sprachunsicherheiten können wir den Duden aufschlagen oder nach Erklärungen „googeln" – für Körpersprache aber gibt es kein allgemeingültiges Lexikon. Es gibt keine universelle Auskunft darüber, was nun diese spezielle Körperhaltung in genau diesem Moment bedeuten könnte. Zumal die Deutung ja immer im Ermessen des Betrachters liegt: War mein Hund mit dem Bauch auf der Erde oder war er auf Spannung ganz tief in der Hocke, ist er geschlichen oder gekrochen, hat es sich nun um eine Spielaufforderung oder um eine Jagdsequenz gehandelt – oder war es nun eine Demutsgeste?

01 – 03 Wer in einer gut strukturierten Hundegruppe „mehrsprachig" aufwächst, ist im Vorteil.

ANGRIFF

Auf einem unserer Walks kam uns ein Border Collie entgegen. Immer tiefer und schneller werdend, schlich er auf uns zu. „Der will nur spielen!", rief die Halterin den obligatorischen Satz, als ich sie bat, den Hund zu sich zu rufen. Die Halterin wusste wohl aus Erfahrung, dass ihr Rückruf jetzt sinnlos sein würde und ignorierte meine Bitte. Also sammelte ich meine Hunde eng um mich, um dann, ohne weitere Bewegungsreize, in ruhiger Körperhaltung zu verharren. Der tiefer gelegte Border Collie befand sich in der Handlungskette der Jagdabfolge und die damit einhergehende Adrenalin-Ausschüttung schaltete alles andere aus – so auch Frauchens Stimme. Hochkonzentriert scannte er meine Gruppe, wertete die Situation und die Hunde in Sekunden aus und fixierte treffsicher das unsicherste Tier. Sein Ziel: dieses aus der Gruppe zu lösen und zu isolieren. Aber die zusammenstehende, unbewegliche Gruppe, die den unsicheren Hund schützte, hatte für ihn schnell an Reiz verloren. Der Border Collie lief zu seiner Besitzerin zurück. Er hatte sicher nicht vor, einen meiner Hunde zu verletzten, sicher wollte er nur Spaß haben und meine Hunde ein wenig aufmischen, aber bitte nicht auf unsere Kosten. Mit seinem Verhalten gefährdete er unseren Gruppenverbund. Außerdem waren meine Hunde nicht amüsiert über die unhöfliche Annäherung des Borders. Gibt man die Führung in solchen Situationen ab, können diese eskalieren.

01

FRONTAL OPFER UND TÄTER AUS DEM HINTERHALT

Ein anderes Mal kam uns ein Golden Retriever entgegen. Er ging genauso wie der Border mit allen Vieren in die Hocke, aber drehte den Kopf von links nach rechts, den Blick immer von uns abgewandt. Je näher wir kamen, desto flacher legte er sich auf die Erde, dabei wedelte er hektisch mit der Rute. Ganz offensichtlich war dies ein devoter Hund, in der Regel suchen diese nicht frontal Kontakt. Lasse ich nun meine ganze Gruppe auf so einen Hund zulaufen, ohne dass er von seinem Halter geschützt wird, kann dies einen Hund so negativ beeindrucken, dass er zukünftig Probleme bei Begegnungen mit Hunden bekommt. Ich hielt also meine Hunde bei mir

03

und schützte somit den Golden Retriever vor Überforderung. Unsichere Hunde mischen jedoch gern hinterrücks alles auf und entsprechend musste ich beim Vorbeiziehen vorsichtig sein.
Ich kann nicht von meiner Gruppe Rücksicht erwarten und dann zulassen, dass sie von hinten bedrängt wird. Nachdem wir an dem Golden Retriever vorbei waren, wendete ich folglich die Gruppe frontal (Stimme, Körperspannung und -gesten) gegen den bereits auf uns zu springenden Hund. Frontal wollte der Hund uns aber ja gar nicht entgegentreten. Er beendete den Satz lieber gar nicht erst und schloss sich zügig in entgegengesetzter Richtung seinem Halter an, der nicht vorhatte, helfend einzugreifen.

02

04

SCHEINHEILIG

Ein anderes Beispiel: Wir trafen unterwegs die uns gut bekannte junge Weimaranerin Wilma. Die Hunde begrüßten sich höflich und die Junghunde begannen zu raufen, dabei rempelte Wilma meinen Seniorrüden an, den Galgo Macano. Dieser wies sie scharf zurecht, Wilma warf sich auf den Rücken und „ergab" sich. Macano ließ nicht ab, sondern setzte noch zweimal nach, obwohl die Hündin sich immer wieder unterwürfig hinlegte. Ich korrigierte ihn nicht, er hatte die Gruppenregeln (siehe Hausregeln, Aggressionen, Seite 84), Wilma nicht zu beschädigen und verletzen, eingehalten. Wilmas Besitzerin fand Macanos Verhalten überzogen. Aber Wilma nahm das Spiel wieder auf, diesmal hielt sie manierlich Abstand zu meinem Rüden. Ein paar Tage später erzählte mir die Hundehalterin, wie recht Macano doch gehabt hätte. Sie hatte belegte Brote auf dem Esstisch abgelegt und während sie das Messer spülte, klaute Wilma ein Brot vom Tisch. Die Besitzerin korrigierte Wilma, die auch gleich winselnd beschwichtigte. Kaum drehte sie ihr jedoch den Rücken zu, stahl Wilma unbeeindruckt das nächste Brot. Hunde können situativ schauspielern und so hatte Wilma ihr Frauchen glauben lassen, dass sie das nie wieder tun würde. Die Besitzerin korrigierte sie daraufhin nur mild und ohne viel Nachdruck.
Hunde verstehen sehr wohl, wenn sie situativ angemessen korrigiert werden. Sie nehmen dadurch keinen Schaden, im Gegenteil. Ein Hund, der keine Grenzen gesetzt bekommt, weder durch seine Bezugsperson, noch durch andere Hunde, wird maßlos, immer auf der Suche nach einem neuen Kick, und kann so zur Gefahr werden.

01 Hunde nähern sich im Bogen laufend von hinten an – aber Achtung, nicht jeder mag gleich beschnüffelt werden.

02 Höfliche Annäherung: Bis die beiden sich beschnüffeln, haben sie schon ganz viel voneinander erfahren.

03 – 04 Das distanzlose Gebaren der beiden „Schnösel" wird unmissverständlich beantwortet. Hat der Hund nicht gelernt, mit Kritik (Frustration) umzugehen, können daraus gefährliche Situationen entstehen.

KÖRPER MENSCH

»Nur wer sich bewegt, spürt seine Ketten«

Berliner Graffiti

Mein Körper ist ein wichtiges Ausdrucksmittel im Zusammenleben mit den Hunden. Für eine stimmige Kommunikation ist es nicht nur notwendig, die Körpersignale meines Hundes zu verstehen, ich muss mir auch meines eigenen Körpers bewusst sein. Je präziser ich diesen beherrsche, desto besser versteht mein Hund, was ich sagen möchte. Wie steht es aber um meine Eigenwahrnehmung? Wie schätze ich meinen eigenen Körper in Bezug auf seine Bewegungs- und sensorischen Qualitäten ein?

Eine junge Frau wollte sich im praktischen Umgang mit Hunden schulen und begleitete uns auf einer unserer Touren. Sie hatte keinen eigenen Hund, aber betreute ab und an Hunde von Freunden. Ich gab ihr die Weimaraner-Hündin Emma, die gut an der Leine zu führen ist, an die Hand. Der Frau fehlte es jedoch an Körperspannung, Arme und Hände waren inaktiv, nichts war zielgerichtet, dadurch wirkte sie fahrig und unsicher. Emma hatte dies schnell durchschaut und den aktiven Part und damit die Führung übernommen. Ich bat die junge Frau um Körperspannung und um Kontaktaufnahme zum Hund. Da Emma bereits ordentlich Zug an der Leine aufgenommen hatte, hielt unsere Begleiterin nun mit beiden Händen Emmas Leine und zog fest dagegen, allerdings ohne eine Reaktion der Hündin zu erhalten. Völlig unbeeindruckt vom anderen Ende der Leine, setzte Emma ihren Weg fort. Ich versuchte, der Frau mit einem Bild zu erklären, was momentan schief lief. Sie solle sich bitte vorstellen, ein Pony zu führen, das sie davon abhalten wolle, zum verlockenden Gras zu laufen. Fängt man stumpf an zu ziehen, hat man verloren. Über Zug erhält man Gegenzug, genauso verhält es sich beim Hund. So ein Weimaraner entwickelt durchaus Kräfte wie ein kleines Pony. Sie solle also Emmas Aufmerksamkeit über einen Impuls suchen. Zum Beispiel am Fang, der Schulter oder am Oberschenkel (siehe „Berührung mit der Hand“, Seite 34) und dann den Hund über den „Handzug“ (siehe Seite 30) zu sich heranholen. Aber Emmas Präsenz und Stärke verunsicherte die junge Frau so sehr, dass ich abbrach und Emma gegen die kleine, drei Kilo wiegende Rosa

Wenn der Hund an der Leine zieht, kann man über ein Antippen an der Schulter einen Dialog mit dem Hund beginnen.

tauschte. Aber Rosa wollte sich genauso wenig in eine unsichere Führung begeben, und verhielt sich entsprechend bockig. Weil die junge Frau ganz offensichtlich ihre Kraft nicht richtig einschätzen und kontrollieren konnte, reagierte sie jetzt mit einer völlig unangemessenen Korrektur, die selbst Emma beeindruckt hätte. Ich übernahm auch Rosa wieder und schlug ihr vor, anfangs durch Beobachten zu lernen. Wir setzten den Walk fort und durch kleine Übungen, wurde sich die Frau währenddessen ihres Körpers zunehmend bewusster.

Über den „Handzug" holt man den Hund aus dem „off" in den gemeinsamen Raum und setzt zusammen als Team den Weg fort.

Körperwahrnehmung kann man schulen, dem einen fällt es leichter, seinen Körper gezielt einzusetzen, der andere muss eben etwas mehr üben. Wer seine eigenen Defizite erkennt, weiß, woran er noch arbeiten muss.

AUTHENTISCH SEIN

Bei einem anderen Hundeeinsteiger, der uns auf unseren Waldtouren begleitete, verhielt es sich anders. Der junge Mann stellte sich offen und sicher der neuen Aufgabe, war frei von Angst und hatte Spaß daran, in die Hundewelt einzutauchen. Die Hundegruppe zeigte sich ihm gegenüber nachsichtig und trotz seiner Ungeübtheit akzeptierten sie ihn gleich als weiteres Gruppenmitglied. Hunde registrieren, wenn man zwar ehrgeizig ambitioniert ist, aber nicht authentisch agiert und quittieren dies mit Ablehnung.
Der junge Mann brachte gleich bei der ersten Stunde gute Voraussetzungen mit, um sich nun direkt mit von ihm bewusst einzusetzenden Körpersignalen zu beschäftigen. Über die Reaktion der Hunde konnte er anschließend seine Körperkenntnisse reflektieren und seine Eigenwahrnehmung überprüfen. Denn von der Gruppe gut aufgenommen zu werden, heißt ja nicht, dass man sie auch gleich gut führen kann. Wir übten, eine aufrechte Körperhaltung einzunehmen sowie Körperspannung und die Energien, die dabei entstehen, situativ angemessen einzusetzen. Er konnte dadurch die Erfahrung machen, dass man sich im Umgang mit Hunden ganzkörperlich einsetzen und auf Tuchfühlung gehen muss. Hunde erzählen und diskutieren über Blicke, Stimme und vor allem über Körpersprache.

ARME, BEINE, HÄNDE, FÜSSE

Im Umgang mit dem Hund sollte ich mir meines Körpers bewusst sein: Arme, Beine, Hände und Füße können unabhängig voneinander eingesetzt werden. Die Arme führen und leiten die Hände, die wiederum Körper- und Sichtsignale setzen. Währenddessen suchen die Füße nach guter Bodenhaftung, denn wir brauchen die Erdung. Mein Hund und ich, wir bilden eine Gruppe. Unsere Beine geben die Schrittgeschwindigkeit vor, die wir aufeinander anpassen. Darüber sind wir verbunden.

Die Arme führen, die Hände sprechen, die Füße sorgen für die Bodenhaftung.

Nehme ich den Hund an die Leine und er zieht, weiß ich, warum ich eine gute Bodenhaftung brauche. Bin ich gut geerdet, kann ich ihm mit der „gebeugten oder auch waagerechten Beinschranke" den Weg versperren (siehe „Berührung mit Bein und Körper" Seite 40), anstatt mich auf einen Gegenzug einzulassen. Ich kann mit der einen Hand die Leine halten, mit der anderen Hand dem Hund ein Sichtzeichen geben, ihn beispielsweise mit dem „Handzug" (siehe Seite 30) wieder mehr zu mir heranführen. Zusammen mit meinem Hund kann ich erfahren, ob zarte oder energischere Fühlungnahme in unserem Dialog sinnvoll ist, ob ich mit straffer oder entspannter Körperhaltung antworte. Oder ob eventuell der Einsatz meiner Mimik schon ausreicht.

»Wie der Hirte so die Herde«

Ambrosius

Aus ungenügendem Körperbewusstsein entsteht Unsicherheit, die auch den Hund verunsichert. Je präziser ich meinen Körper unter Kontrolle habe, desto verständlicher bin ich in der Kommunikation. Ein Fahrschüler, zum Beispiel, muss erst einmal lernen, dass er zwei Füße hat, die unterschiedliche Aufgaben beim Autofahren übernehmen: Bremsen, Gas geben und Kuppeln. Die Hände sollen nun zeitgleich schalten sowie lenken und agieren scheinbar unabhängig von den Augen, die auf den Straßenverkehr gerichtet sind. Ein kontrollierter Körpereinsatz ist erlernbar und es ist beruhigend, dass fast jeder Fahrschüler seine Führerscheinprüfung erfolgreich absolviert. Voraussetzung für ein Bestehen der Prüfung ist: über viel Übung an Fahrpraxis gewinnen.

KLARHEIT SCHAFFEN

Hunde lesen aus unseren Körpersignalen auch Stimmungen, wie Gereiztheit, Freude und Trauer. Kürzlich wollte ich meine Trauer auf die Nachricht, dass eine liebe Pflegehündin gestorben ist, überspielen. Ich wollte die Hunde nicht mit Tränen und Traurigkeit belasten und gleich zu unserem gewohnten Tagesrhythmus übergehen. Gefasst, heiter und gelassen, so dachte ich zumindest, habe ich wie jeden Morgen meine Tagesgäste

Der ganze Körper ist im Einsatz – …

… Hunde lieben es, wenn man mit ihnen verständlich spricht.

angenommen. Die Kunden haben mir meine Traurigkeit nicht angemerkt. Aber die Hunde durchschauten meine aufgesetzte, heitere Stimmlage. Ihre Blicke ruhten intensiv auf mir und selbst die eher weniger körperlich agierenden Hunde berührten mich immer wieder zart mit der Schnauze – das rührte mich so, dass ich die Tränen nicht zurückhalten konnte und mich still zu ihnen auf den Boden setzte. Nicht dass die Hunde verstehen, was Trauer ist, aber sie waren durch mein „Anderssein" verunsichert und suchten instinktiv meine Nähe. Das kurze Innehalten, um zu trauern, war wie eine Erlösung für mich, und das nahmen die Hunde dankend an – gelöst fühlt sich immer besser an als verkrampft. Ich habe mir Zeit genommen, um die Hunde meine Trauer verstehen zu lassen, und im Gegenzug haben sie mich auf ihre hundliche Art getröstet.

VON HERZEN, ABER NICHT ZU LASTEN DER HUNDE

Unser Hund muss nicht vor Trauer geschützt, aber er darf nicht damit überfrachtet werden. Jede Form der Kommunikation sollte von Herzen kommen, was nicht impliziert, dass diese nicht gesteuert werden kann. Bei unerwarteter Freude, bei Angst oder Spannung sollten unsere Ausdruckmittel gezielt Verwendung finden. Reflektion und Körperbeherrschung sind notwendig, dass solche Situationen nicht entgleiten und zu Lasten der Hunde gehen.

Positive und negative Körperspannungen geben Signale, die vom Hund entsprechend ausgewertet werden. Die positiven sollten während der Kommunikation überwiegen, denn wohldosierte positive Spannung animiert und schafft ein harmonisches Gruppenklima, zum Beispiel das „Go" zum Freilauf mit leicht nach vorne gebeugtem Oberkörper und der in Laufrichtung zeigenden Hand. Die positive Energie, die Lust am Laufen, ist ansteckend und lässt einen mitrennen, dann sich selbst zurücknehmen und den Hund selbstständig agieren lassen. Entfernt sich der Hund zu weit, kann er jetzt über situativ angepasste negative Spannung erfolgreich und für ihn verständlich korrigiert werden. Die hoch erhobene Hand („Hallo Arm" siehe Seite 30), signalisiert auch auf eine große Distanz, die Aufforderung zur Umkehr. Meine Schulter und mein Blickwinkel signalisieren, in welche Richtung es weiter geht. Keine meiner Bewegungen sollte dabei zufällig sein. Je überzeugender und authentischer ich mich als Leitmensch präsentiere, desto mehr motiviere ich meinen Hund mir freudig zu folgen.

Kleiner Finger, ganze Hand – …

… Tame überschreitet Lilis Distanzzone.

DISTANZZONEN – „BIS HIERHIN UND NICHT WEITER!"

Ein fundamentaler Aspekt der Körpersprache während der sozialen Interaktion zwischen Hund und Hund bzw. Hund und Mensch sind die Distanzzonen: der Respekt vor dem persönlichen Freiraum des anderen. Das Einhalten dieser Zone ist elementar wichtig, ein Überschreiten muss angefragt und vom Dialogpartner erlaubt werden. Ist mein Hund bei Hundebegegnungen unhöflich, kann diese Grenzüberschreitung unschön beantwortet werden. Denn Hunde agieren nie antiautoritär, sie sind hierarchisch und mit ihrem Fang haben sie stets eine Waffe in der „Tasche". Einige Hunde haben eine niedrige Frustrations-, andere eine hohe Toleranzschwelle. Registriere ich als Leitmensch, an Mimik und Körperhaltung der Hunde, dass einer der Hunde vorhat, sein „Klappmesser" unsachgemäß einzusetzen, eventuell auch gar nicht gelernt hat, damit umzugehen, dann breche ich die Begegnung ab – niemals lasse ich neu aufeinander treffende Hunde eine Auseinandersetzung allein regeln. Hunde wollen vom Menschen angeleitet werden und auch durch solche Situationen sicher geführt werden. Stellen Sie sich vor, auf dem Spielplatz setzt sich Ihr Kind distanzlos zum anderen und möchte mit an dessen Burg bauen. Nach anfänglichem Zögern schlägt das Burgenkind mit seiner Schüppe schwungvoll und immer wütender auf den Kopf Ihres Kindes. Höchste Zeit einzugreifen, um Schlimmeres zu verhindern, denn sicher bleiben Sie nicht entspannt abwartend und sagen lächelnd: „Ach, das geschieht meiner Lotte mal ganz recht, ach lassen Sie ruhig, die regeln das schon allein!"

Sind Hunde dem Menschen gegenüber distanzlos, kann es ebenso unangenehm enden, nicht jeder möchte von einem fremden Hund angesprungen werden und Kinder müssen davor unbedingt geschützt werden. Das ist eine wichtige Benimm-Regel, die unbedingt vom Hund erlernt werden sollte.

In den Ruhephasen lieben manche Hunde das Kontaktliegen, andere lehnen Körperkontakt ab. Ich halte Windhunde, die sehr gern mit anderen Hunden zusammen liegen. Es ist immer wieder faszinierend, wie es ihnen gelingt, den Distanzierten die Scheu vor Berührung zu nehmen und zum gemeinsamen Kuscheln einladen. Denn das Zulassen von gegenseitiger Berührung, die Wärme des anderen spüren, ist wichtig für das Wohlbefinden und für die Seele.

KÖRPERSPRACHLICHE ÜBUNGEN OHNE HUND

Seinen eigenen Körper kennenlernen und reflektieren. Das kann man üben. Am besten erst einmal in der Menschenwelt. Bitten Sie einen Partner, einen Freund oder eine Freundin dazu. Dabei darf man auch einmal kräftig über sich selbst lachen. Das Ergebnis sollte aber sein, über Selbstreflektion eine kontrollierte Körpersprache zu erarbeiten.

Körperhaltung, Körperbewegung (Gestik)

Üben Sie Ihr Körperverhalten, indem Sie sich nur über Körpersprache verständlich machen. Bitten Sie einen „Kommunikationspartner" dazu. Bitten Sie ihn, Ihre Gesten und Signale zu deuten. Sagen Sie „Hallo" nur über Blicke und Körperhaltung. Weisen Sie ihn, ohne ihre Stimme zu gebrauchen, an, dass er sich Ihnen anschließen soll. Sie werden sehen, je klarer Sie sich bewegen, zeigen, blicken, desto besser sind Sie für den Partner zu verstehen, und desto sicherer fühlt er sich geführt.

Körper im Gleichgewicht Überprüfen Sie, wie fest Sie auf Ihren Beinen stehen. Wie gut sind Sie im Tauziehen? Haben Sie eine gute Bodenhaftung? Können Sie auf einem Bein stehen und wie lange bleiben Sie dabei im Gleichgewicht? Können Sie gut auf einem Baumstamm balancieren? Oder können Sie die Turnfigur „Waage"? Probieren Sie es doch einfach einmal aus.

Körpergefühl Können Sie Ihre Kraft situativ richtig einsetzen? Drücken Sie dafür mit dem Finger und anschließend mit der Hand auf ein Sofakissen. Überprüfen Sie die gleiche Übung mit Ihrem menschlichen Kommunikationspartner. Ist sanft wirklich sanft und energischer noch gut zu ertragen oder schon schmerzhaft? Überprüfen Sie Ihre Spannung in den Händen und schaffen Sie ein Bewusstsein dafür. Malen Sie dazu Kreise in den Sand, die kaum sichtbar sind, und Kreise, die gut lesbar sind. Für Letztere benötigen Sie mehr Druck, haben Sie das gespürt? Trommeln Sie mit den Fingern auf die Tischplatte. Erst leise und scharrend, dann laut, dann nur mit den Fingerkuppen. Wenn es weh tut, haben Sie es mit der Stärke übertrieben.
Schieben Sie einen Stuhl seitlich mit dem Bein weg. Versuchen Sie das Gleiche mit Ihrem Kommunikationspartner. Lässt er sich von Ihnen den Raum begrenzen?
Versuchen Sie, Gegenstände mit dem Fuß zu sich zu angeln. Erst ein Stofftier, dann einen Ball, dann eine Vase – die Vase soll dabei nicht umkippen.

Lili schiebt die Hündin mit situativ richtig dosierter Energie energisch, aber freundlich an die Seite.

Tame hat verstanden: Jetzt ist ein Kontakt im gegenseitigen Respekt möglich.

Eine vertraute Geste der Zusammengehörigkeit: der Lefzenkuss. Er ist eine Geste der Zuneigung und auch ein kurzes „Klären" der Rangordnung: Ein ranghoher Mensch oder Hund wird über den Lefzenkuss in seinem Rang bestätigt.

Gesichtsausdruck (Mimik) Können Sie Ihrem Kommunikationspartner allein über die Mimik verraten, was Sie gerade fühlen? Bei der Übung geht es darum, ob man Emotionen über das Gesicht ausdrücken kann. Hunde lesen in unserem Gesicht. Wir können uns zwar vor den Hunden nicht verstellen. Aber wir sollten uns auch nicht wie ein offenes Buch präsentieren. Der Gesichtsausdruck kann gezielt Anwendung in der Kommunikation mit unserem Hund finden und einiges für ihn verständlicher machen.

Räumliche Distanz Lassen Sie sich von Ihrem Kommunikationspartner erst sanft anrempeln, dann etwas fester. Ist Ihnen das unangenehm? Können Sie bei der Übung Ihren Partner mit möglichst wenig Körpereinsatz auf Distanz halten? Ein Bummel durch die überfüllte Innenstadt ist ebenfalls eine gute Gelegenheit, um zu überprüfen, ob man seine Distanzzone wahren kann. Je weniger man angerempelt wird, desto besser ist man in der Übung.

Videoaufnahme Machen Sie Videoaufnahmen von sich während der obengenannten Übungen: einfach das Smartphone aufstellen und filmen. Die kleinen Filme halten einem wunderbar den Spiegel vor. Manchmal wundert man sich, wie wenig Einsatz man gebraucht hat, hatte man sich selbst in der Situation doch viel aktiver und agiler wahrgenommen. Bei der Auswertung sollte man dann zwar kritisch, aber nicht zu hart mit sich ins Gericht gehen. Falscher Ehrgeiz ist hier fehl am Platz.

Dies sind nur ein paar Beispiele, wie man seinen Körper ausprobieren kann. Der Kreativität sind keine Grenzen gesetzt, Ideen dazu gibt es viele.

Man muss kein Akrobat sein, um mit seinem Hund in die Natur zu gehen. Aber man sollte seine Möglichkeiten und Grenzen kennen, um zu wissen, wie man sich ins Mensch-Hund-Team einbringen kann und wo die eigenen Schwächen liegen.

AUF TUCHFÜHLUNG MIT DEM HUND

Die taktile Kommunikation findet über Sensoren in der Haut statt und ist damit sehr körpernah. Diese senden Informationen ans Gehirn, wie auf Druck, Berührung und Vibration, aber auch auf Temperatur und Schmerz zu reagieren ist. Zur Kontaktaufnahme über die Haut ist Nähe erforderlich. Der Hund entscheidet über die Haut, ob die Berührung des Kommunikationspartners als angenehm oder unangenehm, als freundlich oder feindlich einzuordnen ist. Entsprechend reagiert er mit Abwehr- oder Meideverhalten, oder mit Ankuscheln, um noch mehr Nähe einzufordern.

Bei der taktilen Kommunikation werden Distanzzonen unterschritten, das heißt, es werden vom Gehirn auch Gerüche und emotionale Aspekte in die Auswertung mit einbezogen.
Manche Hunde reagieren auf Berührung überempfindlich. Dabei treten Missempfindungen bei Berührungen innerhalb der sozialen Interaktion, aber auch gegen Materialien wie Schlamm, Sand, Gras, Wasser und vieles mehr auf (Parästhesie). Man nennt dies taktile Abwehr. Verursacht wird sie durch geschädigte Nerven oder durch Störungen der sensorischen Integration und der Leitungsbahnen im Zentralnervensystem.

SICHTBARE UND SPÜRBARE KOMMUNIKATION

Hunde unterhalten sich körperlich. Auch sie quatschen, witzeln und diskutieren, aber nicht nur verbal, sondern mit vollem Körpereinsatz. Wenn sie sich austauschen, wirkt manches in ihrer Kommunikation für uns sehr befremdlich und gar nicht watteweich. Bitte haben Sie keine Scheu vor Körperlichkeit. Hunde mögen klare und deutliche Ansagen, sie können mit einem festen, klaren Händedruck mehr anfangen, als mit einer undefinierten leichten Berührung. Das sollten wir bedenken, wenn wir mit unserem Vierbeiner in den Dialog treten. Körperliche Kommunikation läuft aber nicht regellos ab und auch in der Körpersprache ist ein gutes Timing von Vorteil.

FÜHLUNGNAHME

TASTEND IN KONTAKT

Einen Hund „krabbeln“ und kraulen, das kennen wir alle. Es ist nicht sonderlich schwer. Im Gegenteil, es ist gibt uns ein gutes Gefühl, das Kraulen ist nicht nur für den Hund angenehm, auch wir entspannen uns dabei. Wir können über die Hände unseren Hund erfühlen und erspüren. Welche Stellen sind ihm angenehm, welche unangenehm, wenn meine Hände darübergleiten? Was lässt er überhaupt zu? Mag er so viel Nähe? Entzieht er sich der Situation oder sucht er sie? Es ist wichtig, gerade auch bei Welpen diese Signale richtig zu deuten und sie nicht mit zu viel Nähe und

Körperlichkeit zu überfrachten. Der Hund perfektioniert sonst schon früh das Meideverhalten. Kommt ein Hund neu in die Gruppe, ertaste ich ihn bei der Erstbegegnung, soweit er es zulässt. Das fällt kaum auf und muss gar nicht lange sein. Wie bei einem Händedruck zur Begrüßung, erfahre ich dabei nicht alles, aber schon viel. Beruhigende Streichungen führe ich im Uhrzeigersinn in Fellrichtung aus, aktivierende gegen den Uhrzeigersinn. Sicheren Halt oder sanften Druck baue ich mit der flach aufliegenden Hand auf (siehe „Einmal Massage bitte", Seite 186). Auch während des Walks trete ich immer wieder tastend, auf Tuchfühlung gehend, mit den Hunden in Kontakt.

Begrüßung mit anschließendem Kennenlernen
Mit dem Handrücken berühre ich kurz die Seite des Kopfes zur Schnauze hin, anschließend drehe ich die Hand und führe die Streichung weiter bis unter die Schnauze. Manchen Hunden reicht dies. Ich breche sofort ab, wenn der Hund Unwohlsein zeigt, aber auch, wenn er sich übersteigert anbiedert. In beiden Fällen hat der Hund mir schon viel über sich erzählt.
Lässt der Hund die Begrüßung zu, fahre ich mit der Hand mit sanftem Druck über die Rückenlinie bis runter zur Schwanzspitze am Körper entlang. Steht der Hund seitlich, weiter ruhig und entspannt neben mir, baue ich zusätzlich einen leichten Druck mit flacher Hand gegen das Schulterblatt auf. Hier kann ich spüren, wie viel Druck mir der Hund entgegensetzt. Meine Hand liegt warm auf dem Schulterblatt und strahlt von dort beruhigende Wärme auf den Hundekörper aus.

01 Taya schmiegt ihren Kopf in meine Hände. Sie geht gern auf Tuchfühlung.

02–03 Der sanfte Druck meiner Hände lässt Taya entspannen. Sie konzentriert sich wieder auf mich und lässt sich entspannt in meine Berührung fallen.

04 Sanftes, kreisförmiges Kneten der Ohren wirkt immer beruhigend.

05 Tayas Reaktion auf meine Streichungen entlang des Körpers zeigen mir Verspannungen an.

06 Stabilistaionsübung

Beziehungsaufbau Ist mein Hund während des DogWalks überfordert vom situativen Anspruch und nicht mehr in der Lage, sich auf mich zu konzentrieren, verliere ich ihn aus der Kommunikation. Gehe ich mit ihm auf Tuchfühlung, kann ich die Aufregung des Hundes herunterfahren und seine Aufmerksamkeit zurück gewinnen. Bleibt der Hund bei der Kontaktaufnahme nicht zuverlässig bei mir, leine ich ihn an, ohne zusätzlich Druck aufzubauen. Möchte ich führendes Vertrauen vermitteln, hocke ich mich vor den Hund (die Leine habe ich mit dem Fuß gesichert) und lege meine Hände auf jeweils ein Schulterblatt. Möchte ich führende Ruhe ausstrahlen, beuge ich mich von oben über den Hund und lege von dort meine Hände auf jeweils ein Schulterblatt. Ich halte den Hund ruhig zwischen meinen Händen. Meine Wärme strahlt in den Hundekörper. Der Hund muss sich dabei wohlfühlen, entspannen und wieder mit mir kommunizieren können. Dann kann ich den Hund über Augenkontakt mit dem „Handzug" zu mir heran bitten.

01

Den Druck mit der flachen, seitlich aufgelegten Hand kann ich auch als Stabilisationsübung nutzen. Mit dieser Übung kann ich Vertrauen aufbauen und zusätzlich mein eigenes Körpergefühl schulen. Es ist eine Muskulatur aufbauende Übung, bei der Muskelspannung ohne körperliche Aktivität erzeugt wird (als Trainingseinheit besonders für laufschwache Hunde geeignet). Ich arbeite dafür immer mit beiden Händen am Hund. Ich baue mit einer Hand seitlich an der einen Schulterseite sanften Druck auf und halte mit der anderen Hand auf der gegenüber liegenden Lenden-Oberschenkelseite dagegen. Nur so stark, dass der Hund seine Position nicht verändert. Mit der Handinnenfläche kann ich die Muskelanspannung spüren. Ganz langsam lasse ich den Druck weichen und wechsle die Seite.

Ohrenschmaus Die Ohren sind sehr empfindlich. Hier befinden sich viele Nerven mit direkter Verbindung zum Gehirn. Hunde lieben die Fühlungnahme an den Ohren, vor allem am Ohransatz zum Kopf hin. Gleichmäßige Streichungen, sanftes Kneten und kreisende Bewegungen der Ohren wirken beruhigend in jeder Situation. Man sieht, wie Hunde diese Art der Kontaktaufnahme genießen und sich dabei entspannen.

Wichtig: Hunde, die eine Berührung ablehnen, haben eventuell eine schmerzhafte Ohrentzündung.

Lefzenkuss Hunde schnäuzeln gern miteinander und lecken sich gegenseitig die Lefzen. Es ist eine Begrüßungs- und Beschwichtigungsgeste und bedeutet: „Ich möchte gern dazugehören!" Beim Ableinen nutze ich diese körperliche Geste, um unsere Zusammengehörigkeit zu stärken. Die Hunde stoßen dabei aus eigenem Antrieb mit ihrer Nase gegen meine Hand, mit der sie den Fang assoziieren (siehe Seite 34). Auch im Freilauf suchen sie schnäuzelnd meine Hand und signalisieren über den Lefzenkuss ihre anhaltende Kooperation und Verbundenheit mit mir.

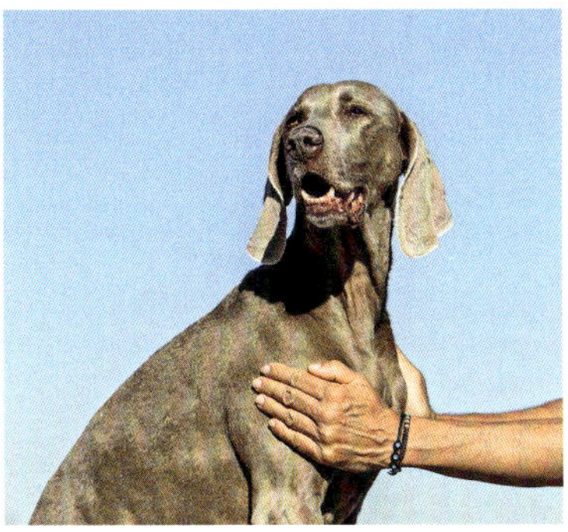

02

03

04

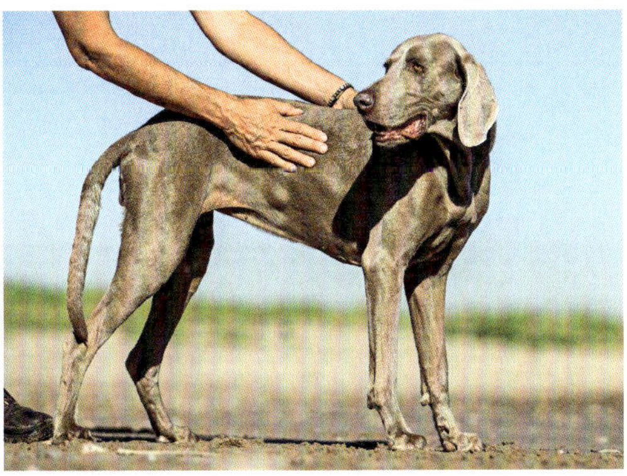

05

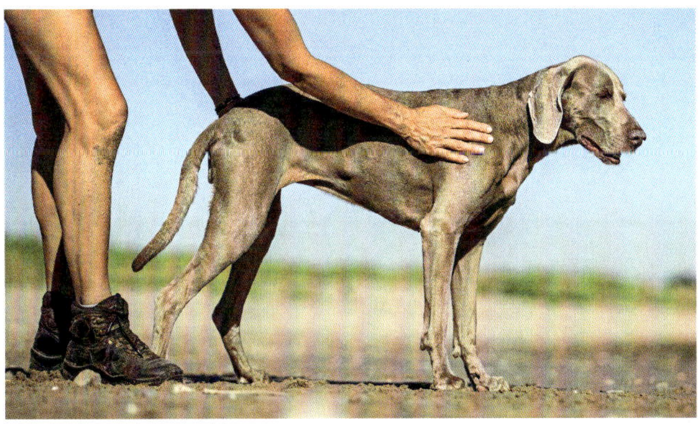

06

HAND- UND ARMZEICHEN

GESTEN ALS SICHTZEICHEN

„Hallo-Arm"

- **Sichtzeichen für eine weite Distanz**
- **Arm senkrecht hoch gestreckt**
- **Körperspannung**
- **Hund soll herankommen**

Wie eine versprengte Reisegruppe, die sich um ihren Reiseführer und sein hochgehaltenes „Hallo-Schild" sammelt, so findet sich auch die Hundegruppe bei diesem Sichtzeichen bei mir zusammen. Die Hunde dürfen ihre Tätigkeit noch kurz zu Ende führen, aber die Dringlichkeit liegt auf dem Sammeln. Nachzügler oder Ignoranten werden verbal auf das Sichtzeichen aufmerksam gemacht und zur Eile gebeten. Da ich eine wechselnde Hundegruppe habe, verwende ich dafür die Namen der jeweiligen Hunde. So weiß jeder, wer gemeint ist.

Hallo-Hand

Handzug

„Hallo-Hand" (Kontakt-Hand)

- **Für nahe Distanz**
- **Hand seitwärts als Einladung für die Hundenase**
- **Kurze Kontaktaufnahme: „Ich bin da!"**

Hunde suchen ab und an eine kurze Rückversicherung, eine kleine Aufmerksamkeitsgeste ihres Menschen. Ein interessierter Hund versichert sich aus eigenem Antrieb durch den „Lefzenkuss" (siehe Seite 31) meiner Aufmerksamkeit und stupst an meine Hand. Zu kleinen Hunden muss man sich herunterbeugen, um die Hand zur Kontaktaufnahme anzubieten. Auch den Rückruf kann man über die Geste „Hallo-Hand" ritualisieren. Der „Lefzenkuss" wird hierbei eingefordert und klarer definiert: Der Hund soll mit der Nase bewusst gegen die Handinnenfläche der Führperson tippen und nicht einfach nur den Kontakt suchen. Wurde der Hund bisher über Futter motiviert, kann man anfangs ein Leckerli bereithalten. Beginnt man die Ritualisierung der „Hallo-Hand", findet der Hund dort noch ein Leckerli. Später nur noch gelegentlich. Ein Hund, der ohne Futterbestätigung gelernt hat zu arbeiten, braucht dies nicht als Motivation. Hier reicht ein angepasstes Lob.Diese Übung eignet sich besonders gut für Hunde, die zwar herankommen, aber nicht nah genug und nur schlecht und ungern Kontakt aufnehmen.

Handzug (Seilzug, Einladung)

- **Geste für nahe Distanz**
- **Hand wird auf den Körper zu gezogen, Finger gehen dabei auf und zu**
- **Eine einladende Bewegung**
- **Ganz nah herankommen**

Mit dem Handzug zieht man den Hund wie an einem unsichtbaren Band zu sich heran. Man lädt den Hund damit zu sich ein. Diese Geste

Handstopp

verstehen Hunde sehr schnell. Wichtig ist dabei, dass die Bewegung einladend ist und nicht einfangend. Der Hund soll die Möglichkeit bekommen, zu verstehen. Er folgt in der Regel der Einladung gern.
Gelobt wird, wenn der Hund ganz nah bei einem steht, und auch erst dann wird der Hund berührt. Das ist besonders wichtig bei Hunden, die gelernt haben, Händen auszuweichen. Über den Handzug bekommen sie wieder Vertrauen. Diese Geste muss man bei starkem Meideverhalten mit einer Leine aufbauen. Die Leine sollte hierbei begrenzend, aber nie ziehend oder zwingend eingesetzt werden. Sie muss dem Hund Raum geben, selbst die Entscheidung zu treffen, so nah an seine Bezugsperson heranzukommen.

Handstopp

- **Geste für nahe Distanz**
- **Hand wird flächig, wie eine Barriere gehalten**
- **Eine stoppende Bewegung**
- **Abbruch**

Der Handstopp fordert den Hund auf, sein Tun abzubrechen. Auch kann man den Raum darüber begrenzen. Es ist für beides einsetzbar. Mit der flachen Hand waagerecht in Richtung Boden tippend, bedeutet: Energie herunterfahren und Abbruch. Hält man die Handinnenfläche vor den Hund, ist dies je nach Situation eine Aufforderung das Tempo zu reduzieren oder ein Stopp-Signal. Für den Stopp benötigt man zeitgleich mehr Körperspannung.

01

02

Zeigefinger

- **Für nahe und weite Distanz**
- **Körperspannung**
- **Zeigefinger zeigt erst auf den Hund und anschließend in die gewünschte Richtung**
- **Blick folgt dem Zeigefinger (liegt erst fest auf dem Hund und weist anschließend die gewünschte Richtung**
- **„Ich meine Dich!" und „Dorthin"**

Über den „Zeigefinger" weiß der Hund ganz genau, dass er gesehen wird und dass etwas von ihm erwartet wird. Er muss nun nachdenken, was ich meinen könnte. Da auf den Zeigefinger oft eine weitere erklärende Geste folgt, kann der Hund seine Schlussfolgerung ziehen. Ein Beispiel: Retriever-Hündin Paula bleibt zurück. Sie bleibt an den frischen Pferdeäpfeln stehen, glaubt sich unbeobachtet. Da fühlt sie den Blick und den Zeigefinger auf sich, verbal kommt dazu: „Paula, ich möchte das nicht." Dann der lockere „Handzug". Ok, denkt sich Paula, da kann man sich darauf einlassen, und sie schließt sich wieder freudig an: Fokus – Dringlichkeit – Einladung. Paula: Erkenntnis – Einsicht – Gerne folgen.
Der Zeigefinger zeigt auch, wohin es gehen soll. Man stellt sich dafür einen Faden vom Finger zum Hund vor, der den Hund wie an einer Leine dorthin begleitet, wo man ihn haben möchte. Der Zeigefinger beschreibt für den Hund den Weg. Bei Ausführung lobe ich in warmem Tonfall.

Flügel

- **Für nahe Distanz**
- **Weiche Körperbewegung**
- **Arm erst nach vorn dann seitlich fahren, dabei nicht ganz waagerecht**
- **Nah an mich herankommen und auch dableiben**

Diese Armbewegung signalisiert dem Hund, dass er sich bitte in meinem körpernahen Bereich aufhalten soll. Wie eine Glucke ihre Küken, nehme ich den Hund unter meine Flügel. Hier findet er Schutz. Geht einer der Hunde aus meinem körpernahen Bereich heraus, zeige ich mit der Geste „Zeigefinger" auf ihn und führe anschließend die „Flügel"-Bewegung aus. Der Hund weiß dann, dass er sich wieder einzusortieren hat.

Armschranke

- **Für nahe Distanz**
- **Körperspannung**
- **Arm seitlich waagerecht**
- **Stopp, eventuell Rückbewegung**

Für die Armschranke halte ich meinen Arm seitlich waagerecht, ich versperre den Hunden den Weg. Diese Geste setzte ich beispielsweise ein, wenn ich einen schlecht einzusehenden Weg entlanglaufe und uns plötzlich ein Hindernis entgegenkommt. Die Armschranke bedeutet sofortiges Stoppen in meiner Führung.

01 Mein Fingerzeig gibt Taya die Richtung an.

02 Das Klopfen auf die Oberschenkel dient der Motivation. Bei Hunden, die leicht zu motivieren sind, muss man bedenken, dass man entsprechend viel Energie zurückbekommt.

03 – 04 Sind die Hunde mit mir im Kontakt, ermöglicht die Armschranke den abrupten Stopp.

03

04

Beifall

- **Für nahe und weite Distanz**
- **In die Hände klatschen**
- **Aufmerksamkeit, motivierend, Lob**

Beifall ist eine Motivationsgeste. Man setzt sie je nach Empfindlichkeit des Hundes laut oder leise ein. Dezentes Klatschen für geräuschempfindliche und hochmotivierte Hunde, anfeuernden Beifall für ignorante Hunde. Das Klatschen setzt einen je nach Stärke freundlichen oder dringlicheren Impuls. Es bringt den Hund zurück in die Aufmerksamkeit, motiviert und bestätigt.

Klopfer

- **Für nahe und weite Distanz**
- **Mit flacher Hand auf Oberschenkel klopfen**
- **Motivation, um näher heranzukommen, Lob**

Diese Geste ist eine Einladung, näher heranzukommen. Reagiert der Hund nur zögerlich oder abwartend beim Rückruf, wirkt der Klopfer antreibend und motivierend. Das Geräusch ist gedämpft und deswegen auch gut bei Meideverhalten und bei empfindlichen Hunden einsetzbar. Das seitliche Klopfen signalisiert, an welcher Körperseite sich der Hund anschließen soll.

Mit unserer Hand können wir den (stumpfen sprich nicht beschädigenden!) Fang des Hundes simulieren.

BERÜHRUNG MIT DER HAND

KÖRPERLICH FÜHLBARER EINSATZ ZUR KORREKTUR UND FÜR NÄHE

Hunde kommunizieren unter anderem über ihren Fang. Sie lernen bereits im Welpenalter, wie fest man seinen Fang einbringen kann, ohne dass der Spielpartner Probleme bekommt. Sie trainieren über den sozialen Kontakt mit den Geschwistern die Beißhemmung. Das ist wichtig, denn der Fang ist eine scharfe Waffe und Hunde müssen lernen, diese situativ angemessen einzusetzen, ohne zu beschädigen. Das geht nur über körperliche Kommunikation.

Körperlichkeit ist für Hunde normaler Alltag und nicht zu verwechseln mit Gewalt. Ein Hund zieht und greift mit seinem Fang, diese hündische Körperlichkeit wirkt für manch einen wie eine Beißattacke. Wir sind in vielen Dingen unseren Hunden unterlegen, so auch im Einsatz unseres Gebisses, das lächerlich ist, gegen den raubtierscharfen Fang des Hundes. Hunde assoziieren mit unserer Hand den Fang des Hundes. Wir können ihn simulieren, indem wir ein C formen und die Finger wie Zähne anordnen. Haben wir uns dies verdeutlicht, können wir mit der „Fang-Hand" für den Hund verständlicher kommunizieren. Der Handrücken ist eine deeskalierende Geste, das geschlossene Hundemaul und wirkt gerade bei Erstkontakt beschwichtigend. Mein Tipp: Beobachten Sie Hunde im „Spiel", dort kann man sich die Technik an- und abschauen.

Fang Schulter und Oberschenkel

— **Spürbare Korrektur**
— **Kontaktaufnahme**

Die Hand ist mein Fang. Die Finger sind leicht gekrümmt, sind gespannt und die Fingerkuppen formen einen Kreis. Der Fang kann zur Korrektur, beispielsweise bei fortgesetztem Vorlaufen, eingesetzt werden. Man setzt damit einen Impuls, dessen Stärke der Empfindlichkeit des Hundes und situativ der Dringlichkeit angepasst werden sollte.

01 – 03 Hunde kommunizieren vor allem über den Fang Die Fotos zeigen eine erwachsene Hündin und einen Junghund beim Maulfechten. Hier wird geprüft, wie man beim anderen ankommt, und es werden untereinander Grenzen gesteckt: „Bis hierhin und nicht weiter."

01

02

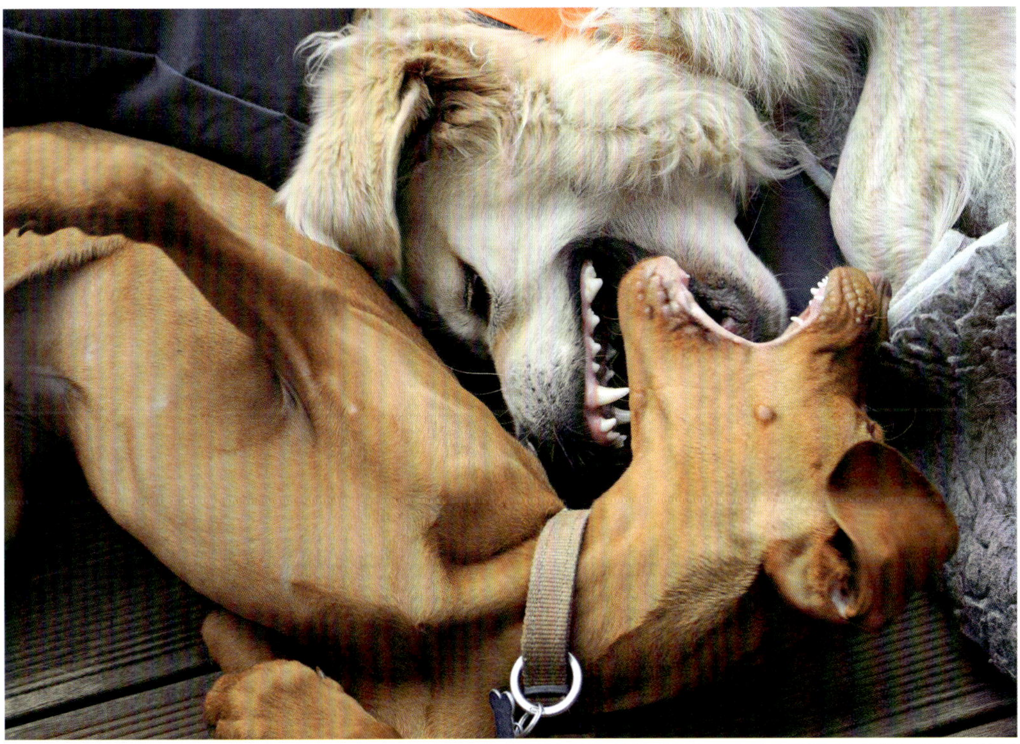

03

FANGSPIEL

— *Motivation und Spielaufforderung*

01

FANGSPIEL

Das Fangspiel nutze ich zur spürbaren Motivation und zur Spielaufforderung: Beide Hände sind Fänge. Locker und leicht halte ich meine Finger, die sanft, zärtlich und spielerisch in die Hundebeine „beißen". Damit animiere ich zum gemeinsamen Spiel, manche Hunde werden dann regelrecht elektrisiert und rennen um einen herum. Das Fangspiel kann man an allen Körperstellen des Hundes einsetzen. Manche Hunde haben auch Spaß daran, wenn man es wie eine Art Maulfechten gestaltet. Wichtig ist, die Kontrolle über das Spiel zu behalten. Dafür muss im Vorfeld der Spielabbruch mit dem Hund geübt werden. Dreht ein Hund ab und zeigt Unverständnis über die „Spiel-Attacke", muss dies ernst genommen und diese Art der Spielaufforderung abgebrochen werden.

04

02

03

01 Je vertrauter man sich ist, desto intensiver ist das gemeinsame Spiel.

02 Damit das Spiel nicht entgleitet, muss der Abbruch geübt werden. Beide Hände nach unten (Körperspannung) signalisieren: Energie herunterfahren und „Stopp". Über den Abbruch können Spielpausen eingelegt werden, damit die Stimmung nicht zu hoch heizt.

03 Die erneute Aufforderung zum „Fangspiel" wird von Taya gern angenommen, und freudig bringt sie sich ins Spiel ein.

04 Cuba ist mir sehr verbunden und so kann ich ihn zum Maulfechten auffordern. Über die vertraute Körperlichkeit, feilen wir an unserer Mensch-Hund Beziehung.

FANGKNIBBELN

— Spürbarer Liebesbeweis

01

LIEBESVOLLES KNIBBELN

Fangknibbeln ist ein spürbarer Liebesbeweis für den Hund. Und so gehe ich vor: Beide Hände sind Fänge. Sie gleiten über den Hundekörper, knibbeln sanft ins Fell und heben dabei zart Haut ab. Bitte nicht kneifen! Dies ist vor allem zur Begrüßung eine schöne Berührung. Man muss allerdings in Kauf nehmen, dass der Hund diesen Liebesbeweis auch zurückgibt und das kann schmerzhaft sein. Wie beim „Fangspiel“ muss man auch beim „Fangknibbeln“ wissen, wo die eigene körperliche Grenze liegt und wie weit man „in das Hundsein“ einsteigt.

Wenden Hunde sich ab und zeigen Unverständnis über die „Liebesattacke“, müssen sie ernst genommen werden, und man sollte diese Art der Nähe abbrechen. Umgekehrt verhält es sich genauso: Übertreibt der Hund die Knibbelei, muss man die ruppige Liebeserklärung abbrechen.

02

03

04

01 Taya signalisiert, dass sie gern mit mir herumalbern möchte.

02 Einmal sanftes Knibbeln bitte, aber Achtung: dabei nicht kneifen.

03 Sie weiß, dass sie mir vertrauen kann und lässt sich voller Verzückung auf das „Fangknibbel" ein.

04 Beim Knibbeln darf nicht übertrieben werden. Es sollte wie eine Art Liebkosung ablaufen. Dabei müssen die Grenzen des Partners, sowohl des Menschen wie des Hundes, beachtet und eingehalten werden.

BERÜHRUNGEN MIT BEIN UND KÖRPER

FÜHLBARER EINSATZ ZUR KORREKTUR UND RAUMBEGRENZUNG

Bei der Führung des Hundes kann man sich mithilfe des ganzen Körpers besser ausdrücken und deshalb auch besser verständlich machen. Nicht nur Arme und Hände sind wichtig, um etwas zu kommunizieren, auch mit unseren Beinen und Füßen können wir uns ausdrücken. Gerade in der Mehrhundehaltung ist ganzkörperlicher Einsatz notwendig, ganz einfach aus dem Grund, weil man manches Mal keine Hand mehr frei hat.

Waagerechte Beinschranke

- **Sichtzeichen für nahe Distanz**
- **Raumbegrenzung**
- **Stopp, ggf. zurück oder seitlich ausweichen**

Das Bein übernimmt dabei die Funktion einer Schranke. Die „waagerechte Beinschanke" unterstreicht meine verbale Bitte zu stoppen. Das Bein wird dafür ausgestreckt in Spannung gehalten und die Hunde sollen dahinter zum Stehen kommen. Die „waagerechte Beinschranke" findet zum Beispiel hilfreich Anwendung beim Wechseln von Straßenseiten. Hier ist es notwendig, dass die Hunde zuverlässig hinter mir stehen bleiben. Kommt uns beispielsweise im Wald ein Fahrradfahrer entgegen, kann ich über die „waagerechte Beinschranke" den noch im Weg stehenden Hunden deutlich signalisieren, Platz zu machen. Die Bewegungsrichtung des Beins gibt dem Hund die Seite vor, auf die er ausweichen soll. Die Richtung kann ich zusätzlich mit der Geste „Zeigefinger" (siehe Seite 32) verdeutlichen. Ein warm ausgesprochenes Lob bestätigt den Hund in seinem Tun.

Gebeugte Beinschranke

- **Sichtzeichen für nahe Distanz**
- **Raumbegrenzung**
- **Stopp, ggf. zurück**

Die „gebeugte Beinschranke" hat die gleiche Funktion wie die waagerechte. Sie ist die feinere Hilfe, die Feinkorrektur der „waagerechten Bein-

Gebeugte Beinschranke

Taya soll sich hier selbst korrigieren und zurückgehen.

Waagrechte Beinschranke

Als Verstärkung kann man die Armschranke dazunehmen.

schranke". Die Hunde werden dicht geführt, entweder angeleint oder ohne Leine. Erfordert die Situation ein Stopp oder eine Raumbegrenzung auf kleinem Raum, gebe ich das verbale „Stopp!"-Signal. Überschreitet ein Hund das Signal, mache ich einen Ausfallschritt situativ in die jeweils benötigte Richtung, mein Oberkörper zeigt weiter in Gangrichtung. Das gebeugte Bein steht vor dem Hund und bittet um Eigenkorrektur. Ein verbales „Zurück" hilft dem Hund, wieder seine Position einzunehmen.

FAZIT KÖRPERSPRACHE

Unsere Hunde haben uns in der Körpersprache viel voraus. Wir sollten uns Zeit nehmen und ihnen zuhören. Für eine fruchtbare Kommunikation ist es wichtig, dass wir ihre Sprache lernen und richtig deuten. Wenn wir uns im Mensch-Hund-Team begreifen, sowohl der Mensch als auch der Hund, wird es verständlich, was der andere von einem erwartet. Leckerchen oder Spielzeug sind in solchen Gesprächen fehl am Platz und würden diesen die Innigkeit nehmen. Auch unseren eigenen Körper sollten wir in puncto Körpergefühl und -sprache schulen und wieder zu Wort kommen lassen. Ein Hund hilft nicht zu letzt dabei, persönliche Möglichkeiten und Grenzen zu erkennen, und damit zu sich selbst zu finden. Über nonverbale Kommunikation fördern wir die kognitiven Fähigkeiten unserer Hunde. Ganz entscheidend ist das Begreifen, Verstehen und Akzeptieren eines Signals, denn damit erreicht man eine bessere Nachhaltigkeit, als durch stures Befolgen von Kommandos.

DER EINSATZ DER STIMME

Hunde haben ein fantastisches Gehör ganz gleich, ob Hänge-, Steh- oder Kippohren. Sie können Geräusche aus viermal größerer Entfernung hören als wir Menschen und sie haben ein ausgezeichnetes Gedächtnis für Töne.

> *»Die Worte und ihre Musik gehören zusammen.«*
>
> *Jesper Juul*

LAUT, LEISE, HOCH ODER TIEF

Selektiv setzen Hunde ihren Gehörsinn ein, um die für sie wichtige Information zu filtern, verarbeiten und auszuwerten. Bei meinem Gasthund, der Vizsla-Hündin „Luna" zum Beispiel, gibt es eine ganz klare Abfolge in der Wichtigkeit der Töne: Mein mit tiefer Stimme laut gerufenes „Luunaaa" wird von ihr ausgeblendet und kommt nicht gegen das „schreiende" Piepen der Maus irgendwo tief unter Erde an. Dies ist für Luna wichtiger und damit auch hörbarer. Mein hell erklingendes, ebenfalls lautes: „Hiiiieeeeer!", und zugegebenermaßen auch das Rascheln mit der Leckerchentüte, verschafft mir dann doch die gewünschte Aufmerksamkeit. Geht doch! Luna ist nicht schwerhörig, man muss nur den richtigen Ton treffen und sie vom Sinn des Rückrufes überzeugen. Lunas Motivation für ihre Einsicht befindet sich im Leckerli-Beutel. Wir arbeiten daran, die Prioritäten zu ändern.
Hunde registrieren also die Lautstärke und wissen sehr wohl: je lauter die Stimme, desto dringlicher die Bitte an sie. Zusätzlich sind sie spezialisiert auf den Frequenzbereich der Töne, sie erkennen die Schwingungen der Schallwellen, besonders die der hohen Töne (Hochfrequenz liegt bei 50.000, Mensch bei 20.000 Hertz). Ein Hund ist gut über hohe Töne zu motivieren, sie bestärken positv. Über die Lautstärke und emotionale Betonung bekommt der Hund die Dringlichkeit mitgeteilt, dabei gibt es sicher auch Hunde, die man flüsternd erreichen kann. Zusätzlich müssen unsere Worte für den Hund Sinn machen, wenn ich hin und her hüpfe (Bewegungsreiz) und auch noch eine Beute in der Hand habe (Beutereiz), erhöht dies die Chancen, dass meine Stimme auch den ins intensive Spiel versunkenen Hund erreicht, um ihn zu mir zu bewegen.

Egal ob Hänge- oder Stehohren: Hunde erkennen und werten die Emotionen in unserer Stimme aus.

Ein freudiger Rückruf motiviert unsere Vierbeiner.

DER AKUSTISCHE FINGERABDRUCK

Da Hunde motivierter auf hohe Frequenzen reagieren, macht die Hundepfeife doch Sinn, oder nicht? Meiner Meinung nach nicht! Denn die Stimme des Hundehalters ist für jeden Hund etwas sehr Persönliches, sie ist einmalig, sozusagen ein akustischer Fingerabdruck. Sie begleitet den Hund seit seinem Einzug in die Familie durch den Alltag. Über Sprache und Laute tauschen wir uns mit dem Hund aus: reden, flüstern, schreien, weinen und lachen. Wir können wunderbare (oder nicht so wunderbare) Melodien formen oder in eintönigen Singsang fallen. Jede Stimme ist einzigartig und die Möglichkeiten zum Lautaustausch wie zischen und pfeifen oder schnalzen sind vielfältig (stimmhafte und stimmlose Laute). Aber Achtung, Hunde schalten bei zu viel Redefluss genauso ab wie wir Menschen. Auch ein

»Wenn das, was Du sagen möchtest, nicht schöner ist als die Stille, dann schweige.«

Chin. Sprichwort

Übermaß an intensiven Lauten stresst unsere Hunde, so wie wir Menschen gereizt auf überflüssiges Hundegebell oder -gewinsel reagieren. Meine Tochter zum Beispiel übertreibt es manchmal mit der Stimme – natürlich ihr Hund Rosa ist zuckersüß, aber deswegen muss sich die Stimme nicht im höchsten C überschlagen, das hält weder Hund noch Mensch aus. Wissen Sie eigentlich wie Ihre Stimme klingt? Ihr Hund weiß es auf jeden Fall ganz genau.

EMOTIONEN IN DER STIMME

Hunde können an unserer Stimme erkennen, ob wir unsicher oder nervös, ob wir gut oder schlecht gelaunt sind. Verstellen nützt uns gar nichts. Und damit nicht genug, unsere Hunde können auch tatsächlich Emotionen in der Stimme erkennen. Als hätten wir das nicht immer schon gewusst, konnte dies nun eine Budapester Forschergruppe (MTA-ELTE Comparative Ethology Research Group Budapest) anhand einer Studie herausfinden: Menschen und Hunde weisen für die Verarbeitung sozialer Informationen vergleichbare Stimmerkennungsareale vor. Sie liegen nicht nur an ähnlicher Position der Hörrinde, sondern scheinen auch vergleichbar zu funktionieren, so die Forscher. Über die MRT-Untersuchungen konnte gezeigt werden, dass die Gehirne eher auf positive als auf negative Geräusche reagieren. (Quelle Fachblatt „Current Biology“). Und auch das hat sicher schon jeder Hundehalter selbst feststellen können, bei freundlichem Rückruf hat der Hund eine höhere Bereitschaft zu kommen, als wenn man im „Kasernenton“ ruft. Mein erster Hund Hannes zum Beispiel hat sich immer nur auf ein freundliches, „Sitz bitte“, abgesetzt. Es lag nicht am Wort, sondern die Freundlichkeit in der Stimme war entscheidend. Fehlte diese, war er auch mit „Bitte“ nicht zum Sitzen zu bewegen.

VERSTEHEN HUNDE GANZE SÄTZE?

Ich rede gern in ganzen Sätzen mit meinen Hunden, weil ich darüber meine Emotionen transportieren kann. Wenn ich beispielsweise sage: „Ich möchte jetzt nicht, dass Du bellst, lass es bitte!“, zeigt das dem Hund auf sehr moderate Art, dass

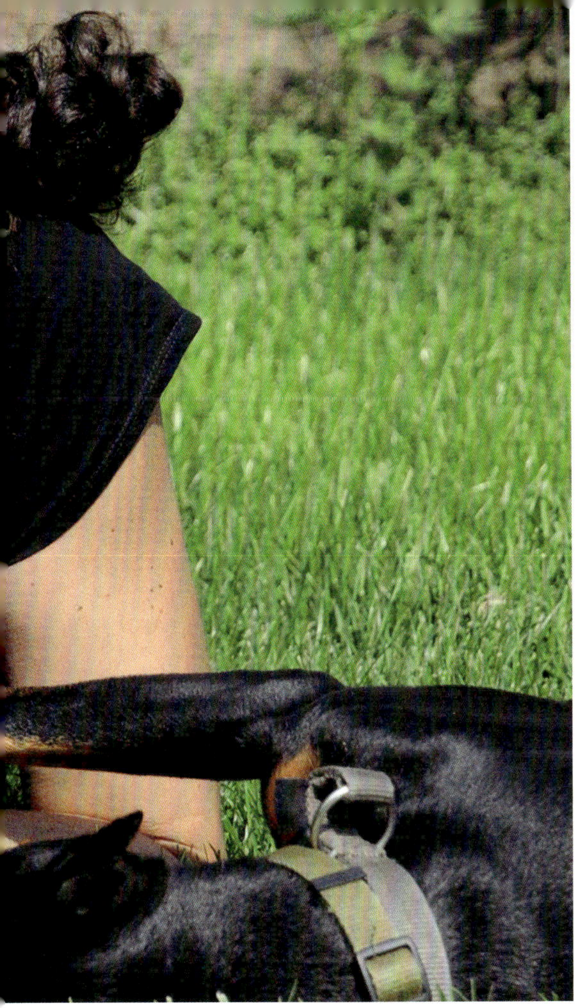

bleiben. „Stopp!“ ist Stopp und bedeutet: Für eine Diskussion ist jetzt der falsche Augenblick. Hunde haben einen unterschiedlich großen Wortschatz. Das konnte ich über meine Arbeit mit den Hunden aus dem Tierschutz im Vergleich zu den gut sozialisierten Hundegästen feststellen. Verbringen Hunde von klein auf ihre Zeit mit dem Menschen, lernen sie Worte situativ zu verknüpfen. Hunde, die ohne menschliche Nähe aufgewachsen sind, müssen dies nachholen. Hunde verstehen uns, wenn wir sagen: „Schlafenszeit, ab ins Bett!“ Schmettern wir zur Bettzeit ein: „PLATZ!“, würde das unseren Hund verwirren, denn der Ton passt nicht zur Situation.

Um den Walk anzukündigen, reicht ein: „Jetzt gehen wir raus!“ Schon sind alle aktiviert und springen erwartungsvoll auf. Die Gruppe rennt in den Garten, schnäuzelnd, bellend – freudig erregt miteinander „redend“. Ich freue mich mit den Hunden auf unseren gemeinsamen Walk, und wir tauschen Laute aus. Der Singsang meiner Stimme, Höhen und Tiefen, langezogene und gezischte Laute wird von jedem Hund gleich richtig gedeutet. „Wer geht denn mit raus?“ – „Alle gut gelaunt?“ – „Langsam und nicht drängeln!“

sein Verhalten unerwünscht ist. Ich positioniere mich dabei körperlich deutlich gegenüber dem Hund. Für viele Hunde ist dies schon ausreichend. Für die, die nicht verstehen wollen, wird schärfer und kürzer formuliert: „Lass das, ich möchte das nicht!“ bis zum: „Lass es!“

Je kürzer und knapper die Ansprache, desto dringlicher und schärfer. Das kann bei manchen Hunden genau ins Gegenteil schlagen, zu viel Druck erzeugt Gegendruck, auch verbal. Ridgeback Samu braucht auch in aller Dringlichkeit immer eine freundliche Emotion in der Stimme. Formuliert man den Satz als Bitte, hilft es enorm, seine Stimmlage zu steuern. Auch Windhund Cuba braucht in kritischen Situationen, zum Beispiel bei Wildsichtung, eine gleichmütige und nette Ansprache. Ein kurzes, knappes Kommando bringt ihn nur dazu, um sich zu schauen und nach dem zu suchen, was mich so beunruhigt. Ein Abbruchsignal aber sollte immer ein Signal

Ich unterhalte mich gern mit meinen Hunden. Sie sind durchaus in der Lage, sich ein Repertoire an menschlichem Vokabular anzueignen, und erkennen nicht zuletzt am Singsang der Stimme, was wir ihnen mitteilen wollen.

Der Border Collie hat ein feines Gehör. Hunde erkennen die Schwingungen der Schallwellen .

TIPPS FÜR DAS STIMMTRAINING

Hemmungen abbauen Fühlt man sich beobachtet, ist man nicht authentisch. Es ist deshalb anfangs sinnvoll, die Stimmübungen an einem unbeobachteten und ungestörten Ort zu trainieren. Ziel sollte es allerdings sein, Hemmungen abzulegen, um die Stimme situativ angepasst kräftig, klirrend oder mild, sanft einsetzen zu können.

Um auf Touren zu kommen Schultern kreisen lassen und entspannte Töne summen.

Stimme und Körperspannung In Körperspannung aufgerichtet stehen. Schultern dabei hochziehen, beim Fallenlassen Körperspannung lösen und mit einem kräftigen Seufzer „Aaaaahhhh" begleiten.
Die gleiche Übung wiederholen, aber jetzt wird die Körperspannung beim Fallen der Schultern gehalten. Auch diese Übung wird mit einem kräf-

tigen Seufzer begleitet. Beide Seufzer obwohl phonetisch gleich, klingen aufgrund der Körperspannung völlig anders.

Reflektion der eigenen Stimme Ein Smartphone eignet sich dafür hervorragend. Man kann es besprechen, indem man beispielsweise whatsapp-Nachrichten per Diktierfunktion absetzt. Redefluss, Sprechgeschwindigkeit, Betonung und Ausstrahlung der Stimme kann man dabei trainieren und überprüfen.

Den Rückpfiff üben (bitte ohne Hund) Es ist egal, ob man auf zwei Fingern oder durch die Zähne pfeift. Man muss lediglich herausfinden, was man am besten kann und was sich für einen sicheren Rückpfiff eignet. Nicht der lauteste Pfiff ist der beste, sondern der, der einem gut von den „Lippen" geht. Hat man seinen Pfiff raus, kann mit dem Hund trainiert werden.

Die Ansprache muss individuell auf den Hund angepasst werden (bitte mit Hund) Ein hektischer Hund muss ruhig und gleichmütig angesprochen werden, ein phlegmatischer in höherer und aufmunternder Stimmlage.

FAZIT ZU „STIMME"

Die Stimme ist ein wichtiges Hilfsmittel in der Kommunikation mit meinem Hund. Ich sollte mir ihrer bewusst sein, sie schulen, um eine individuelle, tragfähige und resonanzreiche Stimmlage zu finden. Ist man eher der leise Typ, kann man über Training eine belastbare, klare und ausdrucksstarke Stimme bilden. Ist man eher der laute und hektische Typ, sollte man lernen, sich zu reduzieren und Worte sparsamer und gezielter einzusetzen. Bewusst auf die eigene Stimme achten und Stimmübungen einfach in den Alltag einbauen. Und bitte beachten: Hunde reagieren unterschiedlich auf unsere Stimme, so hat zum Beispiel ein Border Collie ein extrem feines Gehör und ein breites Spektrum an Tönen, ein Labrador ist eher geräuschunempfindlich. Ich halte während der Kommunikation mit meinen Hunden sehr viel von den leisen Tönen, aber ab und an ist auch ein energischer Rückruf oder ein energisches Abbruchsignal von Nöten.

Der Rückruf als Bitte formuliert nimmt den Druck aus der Stimme, und Hunde wie Sophie folgen voller Freude.

AUGENKONTAKT

Der Augenkontakt ist die Basis der Kommunikation und der Beginn einer Beziehung. „Liebe auf den ersten Blick" heißt es so schön.

Dazu stellte 1997 der US-amerikanische Wissenschaftler Arthur Aron die Theorie auf, dass man allein durch ein intensives In-die-Augen-Schauen Intimität aufbauen und Gefühle sozialer Belohnung und Fürsorglichkeit auslösen kann. Eine Mutter hält zum Beispiel beim Stillen mit dem Baby Blickkontakt, darüber versichern sich beide deren enger Beziehung.

BEZIEHUNGSPFLEGE ÜBER AUGENKONTAKT

Der japanische Wissenschaftler Miho Nagasawa konnte herausfinden, dass der Gehalt des Bindungshormons Oxytocin im Körper von Mensch und Hund während eines intensiven Blickkontaktes ansteigt. Der Augenkontakt spielt also auch in der Verständigung zwischen Mensch und Hund eine wichtige Rolle. Man geht davon aus, dass sich dieses Prinzip der Kommunikation bereits während der Domestizierung der Hunde entwickelt hat (Quelle: Miho Nagasawa im Fachmagazin Science).
Unser neu eingezogenes Familienmitglied, der schwer traumatisierte Galgo-Español-Mix Herr Rossi, besteht auf Augenkontakt, dabei taucht er regelrecht in meine Augen ein. Er verbrachte mehrere Jahre in einem deutschen Tierheim. Dort wurden weder seine Grundbedürfnisse erkannt, noch seine Signale richtig gedeutet. Er lernte, sich über den Einsatz seiner Zähne gegen unsensible Menschenhände zu wehren. Über die Jahre manifestierte er das Verhalten zu tiefem Misstrauen in den Menschen.
Über den gegenseitigen Blick in die Augen – richtig dosiert, nicht zu lang, aber offen und fest – weiß Rossi sich wahrgenommen und spiegelt mir wiederum seine Gefühlsschwankungen.
Der Psychologe Eckhard Hess zeigte bereits in den 70ern, dass die Größe der Pupille durch psychische Prozesse beeinflusst wird. Bei Mensch und Hund ist der Schließmuskel der Pupille zirkulär angelegt und mit dem limbischen System verbunden, das im Gehirn für Gefühle und Lernprozesse zuständig ist. Auf angenehme psychische Ereignisse, bei hoher Konzentration und wenn Handlungsbereitschaft gefordert ist (Erschrecken) vergrößert sich die Pupille. Bei Überlastung, akutem Stress oder Ekel erschlafft der Muskel und die Pupille zieht sich zusammen (Quelle: The tell-tale eye, 1975, Eckhardt Hess).
Etappenweise helfen mir gemeinsam erlebte Alltagssituationen Rossi davon zu überzeugen, sich wieder dem Menschen anzuschließen. Der Hund möchte sich vor allem verstanden wissen. Seine Signale müssen fein gelesen werden, sonst ist die Enttäuschung beim Rückschlag groß. Werden Rossis Augen ganz dunkel, dann ist er in hoher Anspannung. Er braucht jetzt eine Auszeit, um die Situation zu verarbeiten. Ich registriere seine Bedenken, nehme ihn ernst und ziehe mich zurück, bevor (!) die Situation kippt und er keinen anderen Ausweg als zu beißen sieht. Ich begegne seinem Blick offen, klar, freundlich. „Alles ist gut" sagen meine Augen. Sein Blick trifft mich tief ins Herz – mit meinem Blick wiederum, berühre ich seine Seele. Wir sind auf einem guten Weg.

»Die Augen sind die Fenster zur Seele!«

Hildegard von Bingen

Der traumatisierte Herr Rossi sucht den Blickkontakt. Über einen kurzen, aber festen Blick tauschen wir uns wortlos aus.

IN RÄUMEN DENKEN

— *öffnet Türen*

Sicherlich tut ein Hund das, wozu er gerade Lust hat, am liebsten. Innerhalb seiner Freiräume sind jedoch Grenzen unverzichtbar, denn zu viel Freiheit führt zur Überforderung. Hunde denken territorial. Das Bild vom Raum erleichtert es uns deshalb, dem Hund Grenzen verständlich zu machen.

01

02

EIN RAUM MIT ZWEI TÜREN

Stellen wir uns als Grundbild einen Raum mit zwei Türen vor: dem Eingang und dem Ausgang. Dieses Bild können wir im Haus, in der Natur und auch in der Beziehung zu unserem Hund anwenden.
Räume werden definiert durch die Stimme („Zu weit“, „Stopp“) und die Körpersprache. Beim Üben ist eine circa drei bis fünf Meter lange Leine hilfreich.

01 Auf weiten Flächen kann der Hund rasch Geschwindigkeit aufnehmen. Je weiter er sich entfernt, desto größer macht er den Raum.

02 Zunächst definiert man also einen kleinen Raum und hält die Tür geschlossen.

03 Hat man mögliche Gefahren ausgeschlossen und ist sich der Aufmerksamkeit seines Hundes sicher, öffnet man die Tür und vergrößert den Raum.

04 Manche Hunde starten gleich ins größere „Zimmer, andere bleiben in meinem Bereich.

03

04

Im Haus kann man mit Räumen beginnen, die optisch erkennbar sind. Der Hund kann zum Beispiel lernen, an der Küchentür zu stoppen. Er hat damit keinen Zugang zu diesem Raum. Gewährt man dem Hund den Eintritt in den Küchenraum (öffnet man die Tür), kann man diesen in kleinere (nicht sichtbare) Zonen aufteilen. Beispiel: die Zone unter dem Tisch ist ohne Tür (also kein Zugang), der Raum an der Küchenanrichte aber ist zugänglich.

Natur Auch in der Natur kann man sich Räume vorstellen. Auf einer großen Wiese hilft beispielsweise auf der einen Seite der Waldrand und auf der anderen Seite das Maisfeld, um den Raum „Freilauf" zu bilden. Dieser Raum kann wiederum in kleinere Parzellen gegliedert werden. Je zuverlässiger der Hund ist, desto mehr Raum bekommt er zur Verfügung (einen, drei, fünf oder zehn Meter Entfernung). Geht der Hund außer Sichtweite, verlässt er den gemeinsamen Raum und entzieht sich damit der Kontrolle.

Verhalten Treffen zwei Hunde aufeinander und stellt sich der eine dabei seitlich vor den anderen (T-Stellung), hindert er ihn so am Weiterlaufen. Er begrenzt den Raum des anderen Hundes. Hunde verstehen also räumliche Begrenzungen. Auch wir können uns entsprechend körperlich einbringen und Hunde räumlich begrenzen. Distanzzonen zum Beispiel sind nichts anderes als Privaträume. Öffnet der Hund ungefragt solche Türen, setzt er sich respektlos und eigennützig über Regeln im Miteinander hinweg.

DIE ARBEIT MIT DER LEINE

Jeder DogWalk beginnt mit dem Gang an der Leine. Wie ich ein Kind an die Hand nehme, so gebe ich dem Hund über die Leine meine Hand.

Wir laufen zusammen Hand in Hand, dabei obliegt mir der aktive Part: das Führen. Ich suche für mich und meinen Hund einen sicheren Weg durch Stadt und Natur.

ZUR EINHEIT WERDEN

Durch gleichmäßiges, auf unsere Schrittgeschwindigkeit angepasstes Tempo macht der gemeinsame Gang an der Leine meine Hundegruppe und mich zu einer aufeinander achtenden Einheit. Ich sortiere die Hunde dabei fächerförmig, die problematischen Hunde gehen innen an entsprechend kurzer Leine, die einfacher zu führenden Hunde gehen außen oder hinten mit längerer Leine. Jeder Hund sollte sich auf seiner Position wohlfühlen.

Führt man einen einzelnen Hund, geht er im Idealfall auf einer Höhe mit dem Halter und über die locker anstehende Leine bleibt man miteinander in Kontakt. Die Leine sollte nicht ganz

Ein Kind nimmt man an die Hand, einen Hund an die Leine.

Die Leine ist das Band zwischen allen Gruppenmitgliedern. Sie schafft vertraute Verbundenheit und gibt Sicherheit.

»Die Leine ist die Hand zum Hund.«

Ursula Löckenhoff

durchhängen, denn dann geht der Kontakt zum Hund verloren. Sitzt beispielsweise auf der anderen Straßenseite eine Katze, hat man bei völlig durchhängender Leine keine Einwirkungsmöglichkeit mehr. Je größer der Leinenraum des Hundes ist, desto höher wird seine Zuggeschwindigkeit. Das gibt beim Erreichen des Leinenendes einen starken, unangenehmen Ruck für Mensch und Hund. Abgesehen von der Verletzungsgefahr, wird es heikel, wenn der Hund sich aus dem Ruck heraus losreißt. Über eine weich anstehende Leine halte ich die Verbindung zum Hund. Ich kann ihn so besser lesen und vorausschauend erkennen, wo sich Probleme entwickeln könnten, zum Beispiel wie in der Situation mit der Katze. Mein Hund lernt so, dass ich auf ihn achte und ihm zuhöre, dass ich problematische Situationen löse und die Führung währenddessen nicht an ihn abgebe.

Unterwegs werde ich öfter angesprochen: „Und wenn jetzt eine Katze hier lang läuft – können Sie dann noch alle festhalten?“ Da ich unterwegs ganz auf meine Gruppe eingestellt bin, bemerke ich sofort, wenn ein Hund eine Katze wittert oder sieht. Die Ohren gehen nach vorn, der Hund wird größer, er geht schneller und es kommt Zug auf die Leine. Dieses Verhalten muss zügig korrigiert werden, indem ich den Hund der Stärke seines Triebs entsprechend antippe (Körper), ihn mit Namen (Stimme) anspreche, den Augenkontakt suche und deutlich sage: „Wir (!) gehen weiter.“ Der Hund soll seine Position neben mir halten. Ein Überholen verhindere ich, indem ich den Hund vorne begrenze (siehe Körpersprache, ab Seite 30). Das funktioniert, ist man in seiner Führung überzeugend und über eine locker anstehende Leine im Kontakt. Gleichmäßig setze ich meinen Weg fort.

ÜBER DIE LEINE FÜHREN

1. Ziel vor Augen haben An der Leine trifft der Mensch die Entscheidung, das entspannt und entlastet den Hund nur dann, wenn seine Führperson zielorientiert und aufrecht geht. Hilfreich ist dabei, wenn man einen Punkt fixiert und ansteuert, beispielsweise einen Briefkasten, ein Haus oder einen Baum.

2. Auf einer Höhe Entscheidungen müssen zeitnah getroffen werden. Um eine gute Übersicht zu haben, muss die Führperson vor dem Hund oder zumindest mit ihm auf einer Höhe laufen. Sie kann so vor dem Hund handeln und muss nicht reagieren. Wer reagiert ist immer einen Augenblick zu spät.

3. Komfortabel Innerhalb des Leinenraumes sollte die Leinenlänge es dem Hund möglich machen, eine für ihn komfortable Position zu finden. Manche Hunde laufen ganz dicht bei der Führperson, andere mögen es nicht ganz so eng. In Problemsituationen (beispielsweise einer Katzenbegegnung) bleibt die Leinenführung unverändert komfortabel für den Hund. Die Führperson setzt sich verbal oder körperlich durch (zum Beispiel „Fang Schulter", siehe Seite 34). Die Leine ist nicht das richtige Hilfsmittel, um den Hund aus einer Situation herauszuziehen. Sie begrenzt auch hier nur den Raum. Herangeholt wird der Hund wieder verbal oder körpersprachlich (zum Beispiel „Handzug", siehe Seite 30).

Zielgerichtet, auf einer Höhe, die Leine in lockerer Anlehnung, komfortabel für Hund und Halter.

DIE LEINE IST ETWAS WUNDERBARES

Leider fühlen sich viele Hundehalter eingeschränkt, wenn ich empfehle, den Hund an der Leine zu führen. Schnellstmöglich wollen sie ihren Vierbeiner ableinen und in den Freilauf entlassen. Dabei ist die Leine etwas ganz Wunderbares. Alle Hunde wissen das. Nur der Mensch will das nicht wahrhaben. Und das, obwohl uns die Hunde ganz deutlich und für jeden erkennbar ihre Freude zeigen, wenn wir die Leine für den Walk vom Haken nehmen.

Gerade neulich kam ein junger Mann aufgeregt ins Wartezimmer meines Tierarztes. Er bräuchte Hilfe, ihm sei ein Hund vors Auto gelaufen. Armer Autofahrer, er war leichenblass vor Schreck. Wir liefen rasch zur Unfallstelle, trafen dort auf das weinende Frauchen und gemeinsam trugen wir den wimmernden Labrador in die Praxis. Der Hund war zum Glück nur leicht verletzt. Wäre der Labrador angeleint gewesen, hätte die Halterin ihrem Hund, dem Autofahrer und auch sich selbst, Schmerzen, Schock und Tränen und nebenbei auch Tierarztkosten ersparen können.

ZIELORIENTIERTE FÜHRUNG

Verhalte ich mich beim Leinengang passiv, übernimmt logischerweise der Hund die Führung. Er wird mich überall dorthin zerren, wo er mich hin haben will. Dafür eignet sich besonders gut

Die Leine gibt Sicherheit. An Gefahren wird der Hund ohne viel Aufheben vorbeigeführt.

die Flexileine. (Bitte diese niemals verwenden!) Ein Hundehalter aber, der seinen Hund aktiv ausführt, kann tatsächlich vorgeben, dass an die Mülltonne des Nachbarn bitte nicht markiert wird, dass jetzt auch nicht links und rechts geschnuppert wird, sondern dass man schnurstracks durchgeht bis zum Waldstück. Darüber freut sich der Nachbar und der Hund akzeptiert über den konsequenten und zielorientierten Leinengang (Ziel ist zum Beispiel das nahe Waldstück), dass er sich der menschlichen Führung anschließen soll und kann. Gelingt mir die Führung meines Hundes an der Leine im Nahbereich, habe ich gute Karten beim anschließenden Freilauf.

DIE LEINE GIBT DEM UNSICHEREN HUND SICHERHEIT

Wenn ich mit meiner Gruppe unterwegs bin, kommen mir öfter Jogger mit ihrem Hund entgegen. Eine typische Situation ist dann die folgende: An schmalen Wegstellen machen wir höflich Platz, damit Jogger und Hund passieren können. Herrchen joggt munter weiter, während sein Hund, von ihm unbemerkt, wie angewurzelt stehen bleibt – schließlich steht er vor einer Gruppe von Hunden, vergleichbar als würde man vor zehn Halbstarken stehen. Der Hund ist überfordert von seiner Freiheit in der Situation. Ich mache den Halter auf seinen gestressten Hund aufmerksam, worauf er ärgerlich zu rufen beginnt: „Nun komm schon!" Aber der Hund bleibt wie versteinert stehen. Die Pfeife muss raus und es wird gepfiffen, dass der Gruppe und mir fast die Ohren vom Kopf fliegen. Ich bitte den Mann, doch zurückzulaufen, seinen Hund abzuholen und ihm aus der für ihn schwierigen Situation herauszuhelfen. Angeleint könnte er, „Hand in Hand", entspannt mit seinem Herrchen an uns vorbeijoggen. „Ach nein, das ist nicht nötig – der kennt solche Situationen, der ist schon groß, der kann das auch allein!", entgegnet der Hundehalter dann typischerweise und joggt genervt weiter. Sein zurückbleibender Hund wird jetzt hektisch, schaut sich nach Lösungsmöglichkeiten um. Aufgescheucht wie ein Wildtier rast er durchs Gehölz und bahnt sich einen Weg durch Äste und Dornen.

Natürlich holt er sein joggendes Herrchen schnell ein und natürlich kann ein Hund das allein. Aber wie gut, dass zumindest ich meine Hunde „an der Hand" halte. Sicher wäre der eine oder andere gern hinterhergesprintet und hätte dem Flüchtenden schnellere Beine gemacht. Nichts ist „lustiger" für Hunde, als Bewegungsreizen hinterherzusetzen. Was lernt der auf sich gestellte Hund daraus: Mein Herrchen schützt mich nicht, auf ihn ist kein Verlass. Und bei der nächsten Hundebegegnung auf freier Fläche kann sich der Arme nicht im Gehölz schützen. Seine Fluchtbereitschaft macht ihn für die anderen Hunde sofort zum Opfer.

Ganz nebenbei: Kein Kind lässt man in so einer Situation allein im Wald stehen.

Dazu fällt mir ein ähnliches Erlebnis ein. Es war Sonntag, wunderbares Wetter und im Wald waren entsprechend viele Erholungssuchende unterwegs. Ich hatte meine Gruppe auf einem sehr belebten Streckenstück komplett angeleint, denn einige Spaziergänger hatten vor der Menge Hunde großen Respekt. Von Weitem sah ich sie dann den Berg hinaufschießen, eine kleine Münsterländerin. Kläffend, unsere Gruppe fest im Visier. Ich rief ihren Besitzern, einem unbeeindruckt weiter ins Gespräch vertieften Pärchen, zu, dass sie doch bitte ihren Hund kontrollieren sollten. Durch meine Bitte auf das Tun ihres Hundes aufmerksam geworden, entgegneten sie mir, ich solle mich entspannen, der Hund hätte noch nie etwas getan, er würde auf diese Art und Weise immer andere Hunde begrüßen. Die Münsterländerin lief kreiselnd in kurzem Abstand um meine Gruppe, nach wie vor hysterisch bellend, die Vorderbeine steif hüpfend, die Hinterbeine nach hinten hockend. Ein allein gelassener Hund, der diese Maßnahme für sich erkannt hat, um sich vor Hundebegegnungen abzugrenzen und zu schützen. Ich versuchte den Leuten zu erklären, dass dies keine Begrüßung sei, sondern dass ihr Hund meine Gruppe anschreie: „Geht weg, haut ab! Was wollt ihr hier? Dass mir ja keiner zu nah kommt!" Das Pärchen sammelte die Münsterländerin ein, tätschelte sie, bestätigte also auch noch das Verhalten des Hundes und rauschte kopfschüttelnd an uns vorbei. Sie wollten ihren Hund nicht verstehen und sahen erst recht nicht ein, dass er ihre Hilfe brauchte.

VORBEREITUNG FÜR DEN FREILAUF

Ein positiver Nebeneffekt des Leinenganges ist das Aufwärmen vor dem Freilauf. Durch das lockere Traben an der Leine ist der Energieverbrauch und die Bereitstellung von Energie bereits aufeinander abgestimmt (zum Beispiel bei Windhunden ein wichtiges Thema). Muskeln, Sehnen und Bänder werden aufgewärmt und sind damit elastisch. Die vermehrt produzierte Gelenkflüssigkeit (Synovia) sorgt für ausreichend gepufferte Gelenke. Bei einem vor dem Freilauf gut vorbereiteten und aufgewärmten Körper sinkt die Verletzungsgefahr und die Konzentrationsfähigkeit wird gesteigert. Körperliche und auch seeli-

Der kleine Terrier sieht die herankommende Hundegruppe gelassen, denn sein Herrchen schützt seine Privatzone.

»Die Leine bietet dem Hund einen Raum zum Wohlfühlen.«

Ursula Löckenhoff

sche Verkrampfungen werden beim gleichmäßigen Laufen gelöst, Endorphine werden ausgeschüttet, und nervöse und ängstliche Hunde werden ruhiger und gelassener.

Als ich Herrn Rossi, einen traumatisierten und menschenscheuen Galgo-Español-Mix, erstmalig traf, beriet ich mich mit einer Freundin, wie ich nun am günstigsten vorgehe. Sie schlug vor, ihn ruhig stehenzulassen, damit er sich entspanne. Aber schnell wurde klar, dass ein Kontakt zu ihm nur über die gemeinsame Bewegung zu erreichen war. An lockerer Leine mit mir verbunden, lief er sich seinen ganzen Stress weg. Er entspannte sich zusehends und suchte bereits nach kurzer Zeit meine Hand, um sie neugierig anzustupsen.

„Stopp" ist kompromisslos „Stopp".

PRIVATSPHÄRE LEINE

Die kurze Leine ist eine Art Privatsphäre meines Hundes und nicht dafür geeignet, Sozialkontakte zu knüpfen. Sie gibt dem Hund nur einen sehr begrenzten Raum vor, der von mir als Führperson ausreichend geschützt werden sollte. Er bietet zu wenig Platz für den Hund, um adäquat mit dem Gegenüber kommunizieren zu können. Der angeleinte Hund kann einem entgegenkommenden weder schnell ausweichen, noch kann er ihn ausreichend beschwichtigen. Der Raum innerhalb der Leine ist nur für meinen Hund bestimmt, für niemanden sonst, und hier muss er sich behütet und wohlfühlen können.

Endet eine Begegnung an der Leine unglücklich, folgert der Hund daraus, dass seine Führperson die Gefahr nicht erkannt hat, geschweige denn abwenden konnte, sodass der Hund selbst Wege finden muss, um sich zu schützen, denn Angriff war schon immer die beste Verteidigung. Bitte liebe Hundehalter, schützt also den Leinenraum Eures Hundes, und an alle entgegenkommenden Hundehalter: Bitte nehmt auf angeleinte Hunde entsprechend Rücksicht.

Meine alte Galga Zara musste aufgrund ihres starken Jagdtriebes in wildreichen Gebieten an die Leine. Sie war gut leinenführig, mochte es allerdings gar nicht, wenn Hunde in ihren „Leinenraum" eindrangen. Ich bat folglich entgegenkommende Hundehalter, ihren Hund anzuleinen und die Leine kurz zu nehmen, damit die Hunde entspannt aneinander vorbeigehen können. Zara sollte nicht bedrängt werden. Leider wurde meine Bitte oft ignoriert mit den Worten: „Meiner ist ganz lieb!" Aber nein, das ist er eben nicht! Es ist unhöflich, ungefragt in private Räume einzudringen. Für Zara bedeutete dies: „Wer nicht hören will, muss fühlen!" Hunde fackeln da nicht lange, sie agieren laut und körperlich sehr deutlich. Ich habe Zara diese Aufgabe abgenommen und konnte, bevor sie es tut, aufdringliche Hunde aus unserem Raum weisen. Zara erkannte, dass sie sich vertrauensvoll in meine Führung fallen lassen konnte. Sie hatte verstanden, dass ich den aktiven und sie den inaktiven Part an der Leine übernehme. Die häufig geringe Akzeptanz der entgegenkommenden Hundehalter hat dies allerdings sehr erschwert.

DIE RICHTIGE LEINE

Die Leinenstärke und der Karabiner sollten immer der Größe des Hundes angepasst sein.
Das Leinenmaterial sollte gut in der Hand liegen und sich gut halten lassen. Die Hand muss sich mit Leine problemlos zur festen Faust schließen können. Lederleinen sind schön, aber bei Nässe rutschen sie einem schnell durch die Finger, genau wie Biothane-Leinen.
Ich mag am liebsten flache Leinen. Für mich sind runde Leinen, beispielsweise Taue, ungeeignet, da ich mehrere Leinen in der Hand halte. Taue nehmen darin zu viel Platz weg. Die Karabiner sollten zuverlässig schließen und sich einfach öffnen lassen. Das ist keineswegs selbstverständlich. Manche ausgefallenen, zugegebenermaßen schicke Karabinermodelle erfordern eine Gebrauchsanleitung, bevor ein Anleinen möglich ist.
Die einfachen Führleinen sollten circa einen Meter lang sein, die verkürzbaren nicht länger als zwei Meter (zum Führen kurz einstellen).

Die Auswahl der angebotenen Leinen ist groß. Eine Leine sollte an die Größe des Hundes angepasst, funktional und nicht zu lang sein.

DIE SCHLEPPLEINE

Auch Schleppleinen gibt es in den unterschiedlichsten Ausfertigungen und Längen. Sie sollten grundsätzlich an einem Geschirr und nicht am Halsband befestig werden. Es besteht sonst bei einem plötzlichen Stopp im vollen Lauf Verletzungsgefahr im Halswirbelsäulenbereich.
Der an der Schleppleine gehaltene Hund muss genauso aktiv geführt werden, wie der an der kurzen Leine auch. Meine Mutter betreute eine Zeit lang einen großen Barsoi-Rüden. Der Hund hatte im Freilauf einen großen Radius, was sich im städtischen Wäldchen schlecht ausleben ließ. Also musste er dort angeleint bleiben. Meine Mutter war der Ansicht, er brauche mehr Auslauf als nur das einfache Traben an ihrer Seite. Sie war mit Enkelkind und Kinderwagen unterwegs, hatte die Hände nicht frei, und band sich, kurz entschlossen und pragmatisch wie sie war, eine sehr lange Schleppleine um die Hüften. Dojan, so hieß der Hund, trabte daraufhin zehn Meter von ihr entfernt und wurde dabei Schritt für Schritt selbstständiger. Der Kontakt zwischen den Beiden ging zunehmend verloren: Oma war vertieft ins Gespräch mit dem Enkelkind und Dojan hörte die Mäuschen, die Eichhörnchen, Hunde bellen und vieles mehr. Nur noch fixiert auf seine Umwelt, sah er den Rüden am Ende des Weges zuerst, meine Mutter hatte er völlig vergessen, und so startete er rasant durch. Ein Barsoi im Antritt, zehn Meter Schleppleine und an deren Ende meine festgebundene Mutter. Sie hatte Glück im Unglück, sie kam mit dem Schreck, Schürfwunden und blauen Flecken davon.
Diese Geschichte soll verdeutlichen, dass eine Schleppleine geführt werden muss, um den Hund im größeren Raum kontrollieren zu können – sie kann den Freilauf nicht ersetzen. Wird die Schleppleine nicht aktiv geführt, wird damit die Verselbstständigung des Hundes unterstützt und nicht seine Orientierung am Menschen.
Die Schleppleine ist also ein Hilfsmittel und kann zum Üben eingesetzt werden, beispielsweise um den Rückruf zu etablieren oder um dem Hund Raumvorgaben zu machen, aber auch um den Apport zu trainieren. Für den Straßenverkehr ist die Schleppleine allein aufgrund des Handlings völlig ungeeignet.

Die doppelte Halsung erleichtert die Führung.

> »Langes Fädchen faules Mädchen.«
>
> deutsches Sprichwort

HALSUNG ODER GESCHIRR

Halsband oder Geschirr, oder beides? Man kann an dem Punkt viel diskutieren und philosophieren. Jeder muss für sich und seinen Hund das Passende finden und der Erfolg gibt anschließend Recht. Habe ich aber einen an der Leine problematischen Hund, empfehle ich das doppelte Halsband, das heißt, der Hund bekommt zwei Bänder umgelegt. Dann nehme ich eine verstellbare Führleine (Länge circa zwei Meter mit je einem Karabiner pro Ende) und befestige jeweils einen Karabiner pro Band. So erhalte ich eine Art Zügel. Über gezielt eingesetzte Leinenimpulse kann einmal der obere, einmal der untere Halsbereich angesprochen werden. Geht der Hund auf Zug, werden so gleich mehrere Wirbel angesprochen, was sich wirbelsäulenschonend auswirkt. Der an zwei Bändern geführte Hund lässt sich so viel einfacher steuern, als der am Halsband oder der am Geschirr angeleinte Hund.
Auf die Idee, zwei Halsbänder zu verwenden, brachte mich die eigenwillige Azawakh-Hündin Baghira. Beim ersten gemeinsamen Walk hatte sie überhaupt keine Lust, sich zu beteiligen. Ich sicherte zu der Zeit die Hunde noch am Geschirr und zusätzlich befestigte ich die Leine am Halsband. Nur leider hatte ich die Rechnung ohne

Baghira gemacht. Noch bevor es losging, erklärte sie mir eselnd und bockend, dass sie mit dem Ding auf dem Rücken keinen Meter mehr geht. Einen Azawakh kann man nicht zwingen, man braucht seine Kooperation. Ich musste mir eine andere Lösung überlegen und zog ihr das unzumutbare Geschirr aus. Ich sicherte sie mit einem zweiten Band, einem Band mit Zugstopp. Damit war sie einverstanden und trabte entspannt mit uns los. Es ist wichtig auf unsere Hunde zu schauen und ihnen zuzuhören. Baghira hatte Recht: Ein Hund lässt sich gut und sicher mit der doppelten Halsung führen. Im Geschirr fühlt sich manch einer eingezwängt und in seiner Bewegungsfreiheit eingeengt.

REGELN FÜR DEN WALK AN DER LEINE

Unterwegs bleiben die Leute oft stehen und schauen meiner Gruppe und mir verwundert bis begeistert hinterher: Wie geht das, dass sich alle vertragen, alle so brav nebeneinander gehen und keiner zieht? Und oft höre ich die Frage: „Können Sie denn alle festhalten, wenn sie loslaufen?" Nein, das könnte ich nicht, aber das tun sie auch nicht. Entspannte Leinengänge fallen einem nicht in den Schoß, sie müssen geübt werden. Und auch beim Leinengang ist es sehr hilfreich, Regeln aufzustellen:

1. Es wird ruhig gewartet bis alle angeleint sind. Peppina beispielsweise, ein kleiner Terrier-Mix, hat gelernt, dass sie erst angeleint wird, wenn sie ruhig stehen bleibt. Um dies zu erreichen, spreche ich sie mit leichtem Nachdruck an, hole mir Augenkontakt und verharre still, bis sie sich selbst zum Anleinen anbietet. Ich gebe ihr Zeit zum Nachdenken. Ganz von allein kommt sie dann auf die Idee, dass „an die Hand genommen zu werden" eine gute Lösung ist, und hört auf zu zappeln. Mein Anleinen bestätigt ihr ruhiges Verhalten.

Vorteile dieser Regel:

— Schulung des Respektes voreinander, Rücksichtnahme

Josie wartet geduldig, bis alles Notwendige bereit liegt.

Rücksichtsvoll nimmt sie sich selbst zurück.

— Übung für Geduld/Warten – Impulskontrolle
— Übung für den Einzelhund: Der Hund wartet, bis alles für den Walk Notwendige bereit gestellt und angezogen ist.

2. Die Leine ist die direkte Verbindung zum Hund (der heiße Draht).

Ich spüre meinen Hund über die Leine und kann über die Leine Einfluss auf sein Verhalten neh-

Abschließend darf Josie mir die Leine bringen. Für sie die schönste Bestätigung.

men. Ich beobachte immer häufiger vor allem Mehrhundehalter, die sich die Leinen wie eine Schultertasche umhängen und daran ist der Hund angeleint. So habe man die Hände frei und könne besser agieren, wird mir diese Art zu führen erklärt. Aber die Leine verliert auf diese Weise an Wert. Hunde sind nicht dumm und sie registrieren sehr wohl den Unterschied, geführt oder einfach nur umgehängt zu werden.

Bitte denken Sie immer daran: Beim Leinengang ist aktiver Einsatz gefordert.

Zeigt ein Hund Fluchttendenzen, verhält es sich etwas anderes. Solche Hunde müssen über eine extra Leine am Gürtel gesichert werden. Die Leine soll nicht zu lang sein, der Hund darf sich darin nicht verheddern. Eine zusätzliche Führleine hält die so wichtige, direkte Verbindung zum Hund.

3. Aufeinander warten beim Durchschreiten der Tür. Diese Regel hat nichts damit zu tun, dass der Mensch als Führperson zuerst durch die Tür gehen muss. Meine Hunde dürfen gern vor mir durch die Tür gehen, sie müssen nur rücksichtsvoll und gruppenorientiert dabei bleiben. Vizsla-Hündin Luna beispielsweise, ging gern mit viel Schwung als Erste durch die Tür. Völlig egal, wie es dem „anderen Ende der Leine" dabei erging. Das ist für mich ein „No Go", Rücksichtnahme wird hier ganz ernst genommen. Ich brachte Luna also, bevor ich die Tür öffnete, körperlich und verbal, in den Dialog. Auf „Langsam", ging sie tatsächlich sacht durch die Tür und mein: „Stopp", brachte sie dazu, in meiner Führung zu bleiben. Gemeinsam haben wir dann folgendes Arrangement getroffen: Hält Luna sich beim Passieren der Tür rücksichtsvoll an die Regel, darf sie weiterhin als Erste durch.

Vorteile dieser Regel:

- Schulung des Respektes, Rücksichtnahme
- Übung für Impulskontrolle, Körperkontrolle
- Übung für den Einzelhund: Tür öffnen, der Hund sucht Blickkontakt. Tür frei geben, der Hund darf gehen, um gleich hinter der Tür zu warten, und zwar so lange, bis der Mensch durch die Tür folgt und diese schließt.

WIE KOOPERATIV IST MEIN HUND?

Testen Sie einmal, wie kooperativ Ihr Hund ist. Üben Sie sanften Druck gegen die Schulter Ihres Hundes aus. Dieser lehnt sich entweder dagegen, oder er weicht aus. Ein Ausweichen spricht für Meideverhalten, also einen wenig kooperativen Hund. Antwortet der Hund auf den Druck mit Gegendruck, kooperiert er zunächst mit Ihnen. Je stärker der Gegendruck, desto mehr hält man dagegen. Lässt der Hund es auf ein Kräftemessen ankommen, hat man es mit einem mental starken, jedoch nicht unbedingt unkooperativen Hund zu tun. Aber er wird Sie sicher gelegentlich infrage stellen.

4. Ziehen ist nicht erlaubt.
Zieht ein Hund an der Leine, ist das nicht nur unangenehm für Mensch und Hund, sondern auf Dauer auch für beide gesundheitsschädigend. Hunde müssen von klein auf lernen, „ordentlich" an der Leine zu laufen. Jagdhunde, Labradore und Golden Retriever beispielsweise, zeigen sich dabei sehr zugkräftig. Hält die Führperson stur dagegen, liegt es für den Hund nahe, dass er noch fester ziehen muss. Denn Druck erzeugt Gegendruck, genauso wird Zug mit Gegenzug beantwortet.

Aufeinander warten, bevor es durch die Türe geht: „Warten!"

Augenkontakt einfordern: „Darf ich?"...

Man löst die Zugsituation, indem man die Leine ein klein wenig nachgibt, um sie dann gleich wieder weich aufzunehmen, eventuell setzt man einen kleinen, körperlichen Impuls (siehe Seite 34) und begleitet diesen mit der Stimme. Ziel ist immer der Dialog mit dem Hund, dafür brauche ich die Aufmerksamkeit meines Hundes. Habe ich den Augenkontakt, kann ich meinen Hund unterstützend mit Handzeichen an der Leine führen. Ein angemessenes verbales Lob, ein kleiner, liebevoller Stupser mit der Hand oder ein Streichen über den Fang sind als Motivation völlig ausreichend. Unsere Hunde freuen sich, wenn das, was sie richtig machen, von ihrem Menschen gesehen und honoriert wird. Sie freuen sich darüber, wenn wir sie aktiv begleiten und gemeinsam aufeinander achten. Das ist selbstbelohnend und Futter ist nicht zusätzlich notwendig. Stellen Sie sich bitte vor, Sie würden Ihrem Kind jedes Mal ein Stück Schokolade reichen, wenn es „artig" an ihrer Seite bleibt, während Sie an anderen spielenden Kinder vorbeilaufen.

5. „Stopp" heißt sofortiges Stoppen und nicht noch zwei Schritte weitergehen. „Stopp" ist eines der wenigen von mir genutzten Kommandos. Bei „Stopp" toleriere ich weder Kompromisse, noch möchte ich welche angeboten bekommen. „Stopp" ist und bleibt „Stopp" – man kann es bereits im häuslichen Umfeld vor dem Dog-Walk üben (siehe „Hausregeln", Seite 84). Dieses Kommando hilft mir, den Hund ohne Leinenzug zuverlässig anzuhalten, sei es an einer Straßenkreuzung, an einer Ampel, um Gefahren auszuweichen, um Kot einzusammeln oder um rücksichtsvoll anderen Platz zu machen.

„Ja, Du darfst." Jetzt kann der Hund auch zuerst durch die Tür gehen und wir starten entspannt auf den gemeinsamen Walk.

Kein Hundekontakt an der Leine: Angeleint können die Hunde nicht richtig kommunizieren. Es ist die Aufgabe des Hundehalters diesen Bereich vor anderen Hunden zu schützen.

6. Keine Sozialkontaktaufnahme an der Leine. An der Führleine kann der Hund keine Sozialkontakte knüpfen (siehe Seite 59). Sie bietet dem Hund wenig Bewegungsraum und derart begrenzt, kann fehlender Hundekontakt nicht nachgeholt werden. Der Hund sollte sicher und gleichmütig an aufgeregten und unaufgeregten, an kleinen und großen Kläffern vorbeigeführt werden. Ein Beschnuppern ist gar nicht notwendig, die Hunde erzählen sich (auch nonverbal) bereits auf die Entfernung sehr viel. Gern wird ein Beschnuppern beim Tierarzt im engen Wartezimmer zelebriert. Dabei möchte nicht jeder Hund distanzlos begrüßt werden. Ich renne auch nicht auf Entgegenkommende zu und gebe ihnen freudig einen Klaps auf die Schulter. Einige Hundebesitzer lesen die Signale ihrer Hunde nicht richtig. Und dann hat der Ungeschützte eben doch zugebissen – der, der das sonst nie macht.

7. Kein Markieren bis zum Wald oder Wiesenstück und Kot einsammeln. Ausgewachsene Hunde können bis zum Waldrand „einhalten". Ehrlich! Ich rede nicht von Welpen und auch nicht von Senioren, sondern von dem großen Mittelfeld dazwischen. Wenn man die Hunde mit dem Auto bis zur Hundewiese fährt, pinkeln sie ja auch nicht ins Auto.
Einige Hunde, die ihre Halter spazieren führen, frequentieren unsere arme Hecke und ich ärgere mich über die vom Urin braun verfärbten Blätter und auch Hundekot wird von diesen Hundehaltern gern mal vergessen. Und dabei gibt es doch auch in unseren Städten fußläufig kleine Parks, wo genug Platz zum „Geschäfte machen" ist. Bitte sammeln Sie auf allen öffentlichen Plätzen, Wegen und Parks unbedingt den Hundekot ein und nehmen Sie Rücksicht auf öffentliche Liegewiesen und Kinderspielplätze. Ich liebe Hunde über

INFO FÜR MEHRHUNDEHALTER

Die Leinenführigkeit trainiere ich in der Regel in der Gruppe. Die Hunde stellen sich durch das gleichmäßige Laufen aufeinander ein und so entsteht ein harmonisches Gruppengefüge. Für den Leinenzieher ist es komfortabler mit der Gruppe zu kooperieren, als dagegen zu halten.

alles, aber deswegen müssen sie nicht Häuserwände und Mülltonnen zu Pissoirs und Spielplätze und ihre anliegenden Wiesen zu Toiletten umfunktionieren. Rücksichtnahme schafft Toleranz bei den wenig hundebegeisterten Mitbürgern. Und gleichzeitig kann ich meine Qualitäten als Hundeführer überprüfen: Lasse ich mich von Baum zu Baum ziehen oder leite ich meinen Hund an, dass wir bitte schnurstracks zum Waldstück durchlaufen.
Sollte Ihr Hund sich nun einfach auf der Straße hinsetzen oder das Bein heben, ziehen Sie ihn nicht ruckartig weg oder strafen ihn, sondern reagieren Sie angemessen, unterbrechen Sie ihn, erklären ihm verbal, dass es nun schnell zum Wiesenstück geht, wo er in Ruhe seine Geschäfte verrichten kann. Und wenn man es konsequent umsetzt, das heißt auf Worte Taten folgen lässt, verstehen Hunde das.

8. Kein Spielen an der Leine.

An der Führleine sollte der Hund die Führperson weder zum Spiel auffordern, noch in die Leine beißen. Hunde dürfen keinesfalls übergriffig werden und ihre Menschen, wenn auch liebevoll gemeint, attackieren. Das zählt zu respektlosem Verhalten.
Ein einzeln geführter Hund kann seine „Beute" (Ball, Stock, Dummy) bis nach Hause tragen, wenn er diese auch zuverlässig festhält. Tut er das nicht, muss er vor Erreichen des Straßenbereiches die Beute abgeben, denn Ball & Co dürfen nicht im Straßenverkehr fallen gelassen werden.
Führt man mehr als einen Hund an der Leine, nehmen die Hunde natürlich miteinander Kontakt auf. Spielaufforderungen untereinander müssen jedoch „tabu" bleiben, damit die Leinensituation nicht eskaliert.

FAZIT ZUR ARBEIT MIT DER LEINE

Über die Arbeit mit der Leine kann sich der Mensch die Aufmerksamkeit des Hundes erarbeiten. Mit einem aufmerksamen Hund ist es einfacher, in Kontakt zu treten, als mit einem uninteressierten.
Die Leine bietet dem Hund einen sicheren und komfortablen Platz an der Seite seines Menschen. Für eine Kooperation muss der Hund weniger Energien aufwenden, als wenn er dagegen arbeitet. Ein Ziehen wird unnötig. Angeleint muss der Hund keine eigenen Entscheidungen treffen. Das entlastet, gibt Ruhe und Sicherheit. Auch in Gefahrenbereichen und -situationen, die keinesfalls gemieden werden sollten, sollte der Hund entspannt „an die Hand" genommen werden. Hunde schätzen es, wenn Ihnen Gelassenheit vermittelt wird.
Ich empfehle, den Hund an einem nicht zu schmalen Halsband zu führen. Der Leinenzieher sollte über zwei Halsbänder gesteuert werden. An jedes wird je ein Karabiner der Leine befestigt, so ist eine doppelte Impulsgabe möglich (siehe Foto Seite 61).

Sicherheit und Rücksichtnahme: Ich schütze den Leinenraum meiner Hunde vor Radfahrern und Ähnlichem genauso wie den Radfahrer vor meinen Hunden.

JEDER WALK

— *beginnt im Haus*

HUNDE RUHEN

Eines der wichtigsten Bedürfnisse des Hundes ist ein hohes Maß an Ruhe. Unsere Vierbeiner können überall schlafen und zelebrieren ihre Ruhephasen so, dass ich sie manches Mal darum beneide.

WIE VIEL SCHLAF BRAUCHT MEIN HUND?

Es ist Montagmorgen, der Wecker klingelt. Und trotz des nervigen Gebimmels heben meine Hunde nicht einmal den Kopf. Sogar unsere Hundegäste seufzen wohlig und schlafen einfach weiter. Obwohl „nur zu Gast", haben auch sie schnell verstanden, dass Hunde im Hause Löckenhoff privilegiert sind, erst dann aufzustehen, wenn es sich wirklich lohnt: zum fertig angerichteten Frühstück. Luxus pur, wer hätte das nicht auch gern jeden Tag.

Einfach noch einmal drehen und weiterschlafen – Hund müsste man sein.

»Wer die ganze Nacht schläft, hat am Tage Anspruch auf ein wenig Ruhe!«

Sprichwort

Nach dem Frühstück und dem „Morgen-Pippi" liegt Büroarbeit an: Telefonate, Mails, Buchhaltung und was sonst noch so anfällt. Meine Hundegruppe liegt um mich herum, begehrter Lieblingsplatz ist der weiche Korb unter meinem Schreibtisch. Und mit ihren leisen, manchmal auch kräftigeren (ich denke da an Bulldogge Leila), aber immer zufriedenen Atemgeräuschen, geben sie mir den Arbeitstakt vor.
In dieser Leichtschlafphase bei geschlossenen Augen, übernehmen Ohren und Nase die Kontrollfunktion. Wenn ich meinen Schreibtischplatz verlasse und die Treppe hoch und runter laufe, spitzt der Hund kurz prüfend seine Ohren, blinzelt mit einem Auge und hochgezogenen Brauen, ob nun etwas für ihn Interessantes passiert. Er wägt kurz ab und erkennt: „Ach so, sie kümmert sich nur um die Wäsche – wie langweilig", – und schläft weiter. Ereignet sich etwas für den Hund Spannendes, kann er innerhalb kurzer Zeit hellwach werden. Ist es dann doch nicht so wichtig, wie anfangs vermutet, dämmert der Hund auch genauso schnell wieder in den entspannten Dös-Schlaf. Beneidenswert, während wir arbeiten, machen sie ein Nickerchen: 80 bis 90 Prozent des Tages ruhen und entspannen sich unsere Hunde.

Die unsichere Josy findet in Sophies Nähe, Ruhe und Sicherheit für den so wichtigen Schlaf.

INFO FÜR MEHRHUNDEHALTER

Innerhalb einer intakten Hundegruppe werden ganz nebenbei genau in diesen entspannten Stunden Rang und Status gefestigt. Die Hunde liegen nie zufällig nah beieinander. Die Ranghöheren entscheiden, wo sie liegen, wer sich in deren Nähe aufhalten und wer Körperkontakt aufnehmen darf. Wer es nicht erträgt, dass sich ein anderer Hund in die Nähe legt, hat oft auch in Alltagsdingen ein Problem mit dem Teilen.

RUHELOSE HUNDE SIND GESTRESSTE HUNDE

„Alles schön und gut! Aber mein Hund ist anders. Er sitzt bereits auf mir und schleckt mir durchs Gesicht, bevor der Wecker überhaupt einen Ton von sich gegeben hat. Und auch tagsüber rennt er mir in alle Zimmer nach und kommt sogar mit zur Toilette. Er möchte gar nicht so viel schlafen, er ist eben ein sehr aktiver Hund. Ich bekomme ihn gar nicht müde, immer wieder wirft er mir den Ball vor die Füße. Er ist auch sehr auf meine Person fixiert, wie mein Schatten und so anhänglich." Dieses Verhalten ist weder treu, noch verspielt, noch süß – diese Hunde haben einfach nicht gelernt, zu schlafen. Genau wie beim Kind, will auch beim Hund Schlafen gelernt sein. Während des Schlafes wird das körpereigene Hormon Cortisol gesenkt. Es ist an vielen Stoffwechselvorgängen beteiligt und wird bei Stress vermehrt freigesetzt. Hunde mit Schlafmangel haben einen hohen Cortisol-Spiegel und verspüren deshalb einen ständigen Bewegungsdrang. Schlaflose Hunde werden zu chronisch gestressten Hunden, gekennzeichnet durch einen gesteigerten Antrieb und körperliche Unruhe.

Meine Gasthündin Lucky war fünf Monate, als sie zum ersten Mal Urlaub bei uns machte. Wie ein „Duracell-Hase" sprang sie durch die ganze Wohnung und warf sich jedem Besucher an den Hals. Ein einziges Fellknäuel voller Freude. Wirklich Freude? Oder distanzloses Übersprungsverhalten, beispielsweise wie ein Mensch, der in Stresssituationen redet wie ein Wasserfall.
Ich habe einen festen Ruheplatz für Lucky im Haus etabliert. Nur hier durfte Lucky liegen. Sie ist eine gesellige Hündin, und so habe ich einen zentralen, aber dennoch ruhigen Platz für sie gefunden. Anfangs habe ich alle Besucher und auch die Kinder gebeten, Lucky nicht zu begrüßen und auch nicht zu ihrem Platz zu gehen. Mir war es wichtig, dass Lucky dort nicht gestört wird, dass sie nicht mehr im Zentrum des Geschehens steht. Das hat ihr Stress genommen und Gelassenheit gegeben. Lucky ist heute fünf Jahre alt und in puncto „Platz" mein Vorzeigegast. Es ist egal, wer zur Haustür reinkommt, ob Postbote, Hundegäste oder meine Kinder: Lucky liegt auf ihrem Platz und bleibt in jeder Situation entspannt. Heute hat sie die Ruhe weg, weil sie Ruhen gelernt hat.

DAS RICHTIGE MASS AN NÄHE FINDEN

Rastlosigkeit bis zur Hyperaktivität wird durch „Entzug" verstärkt. Zum Beispiel ein ganz auf seinen Ball fixierter Hund, „der Balljunkie", der nichts, aber auch gar nichts ohne seinen Ball erleben möchte, erst recht nicht schlafen. Als Hundehalter muss ich aber wissen: Schlaf ist wichtig, kann und muss man üben, gerade mit den aktiven und unruhigen Hunden. Ein Hund, der uns den Ball vor die Füße wirft, wird mit diesem Spiel nicht ausgelastet, sondern man schraubt seine Energie und seinen Stresspegel nur noch höher. Warum nicht statt Ball werfen, einmal mit dem Hund auf dem Boden auf einer Decke oder auf dem Sofa gemeinsam Mittagspause machen, ruhige Nähe zulassen – das baut Vertrauen auf und festigt die Bindung. Wichtig ist, ein richtiges Maß zu finden, um den Hund nicht zu überfrachten.

Freudig bringt Josie die Turnschuhe ans Bett.

Unser erster Pflegehund, der damals fünfmonatige Galgo Español Figo, musste im spanischen Tierheim vor Dieben versteckt werden. In Spanien lässt sich mit einem gut genährten Galgo-Welpen über illegalen Verkauf schnelles Geld verdienen. Die Tierheim-Mitarbeiter brachten Figo im Katzenhaus unter. Dort war der Kleine zwar vor den Dieben in Sicherheit, aber er kam nie wirklich zur Ruhe. Immer wenn er einschlafen wollte, neckten ihn die Katzen, ärgerten ihn und störten ihn beim Schlafen. Als wir ihn in unsere Obhut aufnahmen, war er ein nervöses Wrack: hibbelig, unkonzentriert, kränkelnd und nicht mehr in der Lage, einzuschlafen. Jedes Mal, wenn der Kleine in den Schlaf sinken wollte, sprang er auf, schrie, wand sich unruhig hin und her und riss die Augen auf, nur um ja wach zu bleiben. Jetzt waren gute Nerven gefragt, denn Unverständnis bringt in solchen Situationen keinen weiter. Figo brauchte eine geduldige und ruhige Anleitung. Gleichmäßig strukturierte Tagesabläufe mit angepassten Ruhephasen gaben ihm Halt und ein geschützter Schlafplatz Sicherheit. Figo konnte sich so wieder in den Schlaf fallen lassen und dort die nötige Entspannung finden. Er kränkelte nicht mehr, entwickelte Selbstbewusstsein und mauserte sich zu einem temperamentvollen, aber ausgeglichenen Junghund.

Einmal erlaubt, schon eine Selbstverständlichkeit: Josie gibt den Tagesablauf vor.

Jeder Hund kann schlafen lernen.

SCHLAFENDE HUNDE BITTE NICHT WECKEN

„Schlafende Hunde soll man nicht wecken“ heißt ein zwar altes, aber immer noch sehr aktuelles Sprichwort. Denn werden die Hunde nicht gestört, fallen sie recht schnell in Tiefschlaf: die Muskulatur ist entspannt, Blutdruck und Kreislauf sinken. Das Stresshormon Cortisol ist in dieser Phase am niedrigsten. Innerhalb von 25 Minuten durchlaufen Hunde die verschiedenen Stadien des Tiefschlafs inklusive Traumerlebnisse (REM-Phase). Dafür brauchen wir Menschen eine ganze Nacht (Quelle: nach Gansloßer). Ein ungestörter Schlaf ist wichtig, um Erlerntes zu verarbeiten, Gelerntes abzuspeichern – um einfach zu entspannen und zu regenerieren. Und er ist wichtig für die körperliche Erholung und für die Stärkung des Immunsystems.

Neben der wichtigen körperlichen Regeneration ist es auch nicht ganz ungefährlich, einen schlafenden Hund zu wecken. Meine damals noch kleine Tochter Lili lag schon im Bett, wollte dann aber noch schnell unserem Pflegehund Tilo einen „Gute-Nacht-Kuss“ geben. Im Gegensatz zu Lili befand sich Tilo bereits im Tiefschlaf. Er ist ein gutmütiger, herzensguter Hund. Die Störung kam jedoch so unerwartet, dass er erschrocken hochfuhr und mit dem Fang in Lilis Gesicht traf. Am nächsten Morgen kam sie mit einer dicken Schramme zum Frühstück und erzählte kleinlaut von dem Vorfall. Dabei hatte ich die Kinder immer wieder ermahnt, die Hunde auf ihren Ruheplätzen nicht zu stören. Es ist noch einmal gut ausgegangen. Ein Beispiel auch dafür, dass Kinder und Hunde unberechenbar sind.

JEDER HUND KANN SCHLAFEN LERNEN

Bei den Hunden verhält es sich nicht anders als bei Kindern, der eine geht gut ins Bett, der andere fragt noch zehnmal nach, ob er denn wirklich schlafen soll. Wenn wir Hundehalter nicht aus den Augen verlieren, wie wichtig ausreichender Schlaf auch für unseren Hund ist, dann fällt es leichter, dies genauso beim Hund durchzusetzen. Zur Unterstützung kann man dafür je nach Hund und Tagesablauf, Hilfsmittel wie Leine und Box nutzen. Ihr Einsatz sollte nicht zur Maßregelung verwendet, sondern positiv verknüpft werden und Sicherheit geben. Der Bürohund zum Beispiel, kann in einer Box wie in einer Höhle Unterschlupf und Geborgenheit finden. Bei der Gewöhnung an die Box verhält es sich wie bei Kindern, die man ins Bett bringt: Liebevolle Konsequenz und klare Vorgaben schaffen weniger Möglichkeit für Diskussionen.

Die Vizsla-Hündin Frieda war sechs Monate alt, als sie zum ersten Mal Urlaub bei uns machte. Sie war ein Abgabehund und kannte bisher weder Regeln, noch strukturierte Tagesabläufe. Begeistert über so viele neue Hundefreunde, mischte sie die ruhende Gruppe auf und wollte ständig Party machen. Als ich ihr die Box anbot, beschwerte sie sich wütend. Daraufhin bat ich meine souveräne Whippet-Hündin Celine, sich zu Frieda in die Box zu legen. Ihre Gelassenheit und

Gemeinsames Kuscheln. Da bleibt oft ein Platz frei.

Die Box – Wohlfühl-Rückzugsort.

Checkliste

DER RICHTIGE SCHLAFPLATZ

- ☐ Das Hundebett sollte an einem geschützten Ort ohne Bodenkälte und Zugluft und nicht im Durchgang stehen.
- ☐ Der Schlafplatz muss ein Rückzugsort sein. Hier darf der Hund nicht gestört werden.
- ☐ Je mehr Schlafplätze, desto mehr Diskussion: Ein bis zwei feste Schlafplätze reichen aus.
- ☐ Hunde lieben es, wenn ihr Schlafplatz einem Nest gleicht und einen Rand hat.
- ☐ Auf dem Schlafplatz sollte auch eine Decke liegen, denn Hunde scharren sich gern ein Nest zurecht.
- ☐ Der Korb oder das Hundebett sollte lieber zu klein sein als zu groß – Hunde lieben kleine Körbe.
- ☐ Kringel sind Stoffschlangen, wie in ein Nest kann sich der Hund hier hineinkuscheln. Sie sind eine schöne Ergänzung für das Hundebett.
- ☐ Mein persönlicher Favorit: eine gut zu säubernde Kudde aus Lederimitat. Darin ein Kopfkissen mit waschbarem Bezug, einen Kringel zum Hineinkuscheln und eine leichte Decke zum Scharren.

Nähe half Frieda Ruhe zu finden und auch die geschlossene Tür zu akzeptieren. Mit Celines Unterstützung etablierte ich die Box als Friedas Ruherückzugsort. Kommt Frieda heute zu Besuch, sucht sie gern „ihre" Höhle auf. Die Boxentür steht dabei immer offen. Ich brauche sie nicht schließen, denn Frieda hat ruhen gelernt und bleibt schlafend in ihrer Höhle.
Die Gewöhnung an begrenzten Raum und feste Plätze muss immer individuell betrachtet werden. Manche Tierschutzhunde haben Phobien vor engen Räumen. In so einem Fall muss man umdenken. Aber Achtung, auch diese Hunde brauchen Regeln. Nicht, dass sie nur noch im Menschenbett schlafen können, dieses ohne zu fragen einnehmen und verteidigen, um sich anschließend so breit zu machen, dass Sie selbst kaum noch Platz haben. Natürlich darf ein Hund im Bett schlafen, aber auch „Hundeeltern" brauchen ausreichend Schlaf und keine Tyrannen im Bett.

ÜBUNGEN ZUM SCHLAFENLERNEN

SO BRINGE ICH MEINEM HUND DAS SCHLAFEN BEI

— Man richtet einen oder zwei feste Hundeplätze ein – bei mir ist es ein Platz im Schlafzimmer und einer in der Wohnküche. Richten Sie nicht zu viele Schlafplätze ein, denn zu viel Angebot führt nur zu Diskussionen, die den Hund unnötig stressen und überfordern. Einem Kind beispielsweise bietet man auch nicht fünf Betten zur Auswahl.

— Der Hund muss wissen, dass er auf seinem Platz liegen bleiben soll. Hierbei hilft mir eine Leine, konsequent zu bleiben. Mit dieser binde ich den Hund anfangs am Platz an. Dies ist nie als Strafe anzusehen, sondern als Schlafhilfe für den sehr unruhigen Hund. Über konsequente Regelmäßigkeit wird der Schlafplatz ritualisiert. Je schlechter ein Hund von sich aus ruhen kann, desto ruhiger und vor allem druckfrei muss kommuniziert werden, dass er auf seinem Platz bleiben soll. Stück für Stück wird nun gesteigert: Anfangs stehe ich auf und gehe durch den Raum, bringe also

Aktivität in den Raum. Wenn der Hund aufsteht, wiederhole ich meine Bitte, dass er liegen bleiben soll; das muss nicht immer das Kommando „Auf deinen Platz“ sein, das kann auch ein „Bitte“oder ein fester, strenger Blick sein. Als Lob reicht ein kurzes „Gut“ – Ruhen ist ein normales Bedürfnis und mehr Lob würde den Hund nur wieder hochfahren, beziehungsweise ihn zu weiteren Aktionsangeboten motivieren. Ich steigere das Training, indem ich das Zimmer verlasse – erst kurz (ca. 2 bis 10 Minuten), dann länger (ca. 15 bis 30 Minuten). Erst mit offener Tür, dann mit geschlossener.

— Wenn es an der Tür klingelt, sollte der Hund entspannt auf seinem Platz liegen bleiben. Steht er auf, sollte er sich korrigieren lassen. Klappt dies nicht, leine ich ihn am Platz an, um konsequent bleiben zu können. Künftig ist dies nur noch in schwierigen Situationen nötig. Beispielsweise wenn ich Besuch empfange, denn es sind meine Freunde und nicht die meines Hundes. Stellen Sie sich Ihr Kind dabei vor: Sobald es klingelt, würde es jedes Mal an die Tür laufen, hüpfen und rufen: „Der Postbote! Juchhe, der Postbote! Hast Du Schokolade für mich?“ Das ist nicht nur ungezogen, sondern auch nervig. Wenn der Hund beim Empfang bellt, korrigiere ich mit „Ich möchte das nicht!“ und erinnere ihn daran, sich hinzulegen.

GEWÖHNUNG AN EINE HUNDEBOX

Die Box – bei mir heißt es Hundehöhle – ist ein toller Rückzugsort und Schlafplatz für scheue Hunde. Aber auch Hunde mit Trennungsängsten finden hier Geborgenheit. Die Höhle muss ein Wohlfühlort sein und keiner, um den Hund wegzusperren. Das verstehen manche Hunde sofort, andere brauchen etwas länger. Aber wie erkläre ich es meinem Hund?

— Vorweg, wenn ich selbst eine Abneigung dagegen habe, brauche ich das Training gar nicht erst zu beginnen, der Hund wird die halbherzigen Trainingsversuche gleich spüren. Bin ich aber überzeugt, dass die Boxen-Höhle meinem Hund einen wunderbaren Rückzugsort bietet, dann kann man mit dem Training starten.

— Die Höhle sollte weich ausgepolstert und einladend sein. Ich versuche, den Hund über Futter oder sein Spielzeug in die Höhle zu locken, die Tür bleibt offen und der Hund darf die ersten Male gleich wieder raus.

— Ich übe mit einer Box neben meinem Schreibtisch. Wenn ich den Hund hineinbitte, stelle ich, am Schreibtisch sitzend, meinen Fuß vor den Ausgang und verhindere so, dass der Hund hinausschlüpft. Da ich dabei entspannt und ruhig weiterarbeite, legen sich die Hunde in der Regel ab und schlafen.

— Am nächsten Tag kann ich dann in der gleichen Situation die Tür kurz zumachen. Der Hund sieht mich, alles ist gut. Am darauffolgenden Tag stehe ich kurz auf und gehe mir einen Kaffee holen – nach und nach etabliere ich die Höhle wie einen normalen Schlafplatz.

INFO FÜR MEHRHUNDEHALTER

Nicht jeder Althund reagiert souverän, wenn er vom distanzlosen Junghund aus dem Schlaf gerissen wird. Die Ruhe der schlafenden Hundegruppe muss respektiert werden. Das Ruhe-Management darf nicht den Hunden überlassen werden, sondern muss vom Hundehalter geregelt werden. In der Welpenstube gäbe es von der Hundemutter für fehlendes Benehmen einen scharfen Verweis. Werden die Welpen flügge und ziehen aus, dann ist der neue Hundehalter für die weitere Erziehung verantwortlich.
Für gleich junge Hunde, eventuell sogar Wurfgeschwister gilt: Draußen wird gespielt, im Haus wird geschlafen. Je mehr Hunde man hat, desto wichtiger ist eine entspannte und ruhige Atmosphäre im Haus.

FAZIT

„Jeder Hund kann schlafen lernen" – man muss es nur durchziehen wollen. Bei meiner Barsoi-Hündin Sophie war das sehr einfach. Hier war ich eher froh, wenn sie sich einmal bequemte, aufzustehen, um Besuch zu begrüßen. Ihr Leitspruch war: „Probier's mal mit Gemütlichkeit!" und, getreu ihrem Motto, hatte sie immer die Ruhe weg. Das sollte auch für die nervösen, aktiven, dadurch schlecht zur Ruhe kommenden Hunde gelten. Gerade für sie sollten Ruhephasen ein Muss sein. Je nervöser der Hund, desto konsequenter muss auf das „Runterfahren" geachtet werden. Schlaf ist rasseübergreifend wichtig, egal ob Tierschutzhund, Mischling oder Rassehund, egal ob temperamentvoll oder träge, und es ist auch völlig gleich, ob es sich um einen Arbeits- oder einen Familienhund handelt.

Rasseübergreifender Schlaf. Gemeinsam schnarcht es sich am gemütlichsten.

REGELN UND RITUALE

Wir leben mit unseren Hunden in einer Art Wohngemeinschaft. Aber wie kann das funktionieren, „tickt" doch jeder Hund unterschiedlich und vor allem ganz anders als wir Menschen?

Es muss folglich einen Plan für ein Miteinander geben, ansonsten springen unsere Vierbeiner über Tische und Bänke. Und unsere Hunde haben ihre eigene Vorstellung von Hilfe im Haushalt, die sie, auf ihre ganz eigene hündische Art, perfekt erledigen würden: Tisch abräumen, Geschirr spülen, Betten machen, Alarmanlage ersetzen, aber auch Kinder hüten und das Haus umdekorieren. In der Wohngemeinschaft würde solch ein ambitioniertes Verhalten allerdings nicht zu allgemeiner Freude, sondern schnell zu Zank zwischen Mensch-Mensch und Hund-Mensch, aber auch zwischen Hund-Hund führen.

Und wie in jedem sozialen Miteinander, helfen auch in der Mensch-Hund-Wohngemeinschaft Regeln, das tägliche Chaos zu ordnen und in richtige Bahnen zu lenken. Einige Regeln entstehen und wachsen im täglichen Miteinander – werden zur Routine. Andere müssen im Vorfeld überdacht und festgelegt werden. Dafür muss ich schauen, wie mein Hund denkt und welche Bedürfnisse er hat – und wo ich dabei bleibe.

Ich muss erkennen: Welche Kompromisse sind für beide Seiten tragbar, was lässt sich konsequent durchsetzen und was nicht? Was ist wichtig in unserem gemeinsamen Alltag?

Konflikte lassen sich im Zusammenleben nicht völlig vermeiden. Es liegt am Hundehalter, ein individuell passendes Arrangement über feste Grundregeln, deren Rituale und die zulässigen Ausnahmen zu finden.

Gesunde Grundlagen für ein Zusammenleben mit Hund sind:
Gegenseitiger Respekt und Zuneigung; Geduld und Konsequenz; Disziplin und Fairness; Bodenständigkeit und gesunder Menschenverstand.

JEDER HAUSHALT HAT SEINE EIGENEN REGELN

Als Kind habe ich meine Ferien gern bei meiner Patentante in Ostfriesland verbracht. Das war herrlich. Es lag zum einem natürlich an der nordisch herben Herzlichkeit meiner Tante. Aber auch – bei fünf Kindern unabdingbar – an dem ganz klar strukturierten Tagesablauf, der so ganz andere Regeln mit sich brachte, als bei uns Zuhause. Zum Beispiel gab es hier einen reihum von Kind zu Kind gehenden Tischdienst. „Immer ich" oder „Das ist heute aber viel mehr aufzutragen als gestern" wurde nicht diskutiert. Es war eine der ritualisierten Regeln der Großfamilie und wurde gar nicht erst infrage gestellt.

Rituale sind immer gleich ablaufende Handlungsmuster, sie gehören zum Alltag wie die Butter aufs Brot – machen sie für alle Beteiligten Sinn, erspart man sich so manchen Konflikt.

STABILITÄT DURCH LIEBGEWONNENE RITUALE

Auch in der Mehrhundehaltung schaffen Grundregeln Strukturen und erleichtern den Alltag. Bei den „Löckenhoffs" ist eine dieser festen Regeln zum Beispiel, an der Terrassentür stehen zu bleiben und zu warten, bis die Pfoten gesäubert werden, damit Sand und Schmutz nicht ins Haus getragen werden. Die Hunde genießen die Aufmerksamkeit in Form der Pfoten-Massage. Sie mögen die Nähe zu mir und in diesem Augenblick sind nur sie an der Reihe. Auch meine Gäste erkennen schnell den Sinn in diesem von mir konsequent eingehaltenen Handlungsmuster. Ganz nebenbei

Regeln sind hilfreich für ein harmonisches Zusammenleben.

kann ich währenddessen erkennen, ob ein Hund Probleme mit dem „Rankommen“, mit Nähe und Berührung hat – das wiederum sind wichtige Informationen für mich für den DogWalk. Kommt ein Hund beim Pfotensäubern nicht nah zu mir, nehme ich ihn an eine kleine Hausleine. Auf die trete ich beim Zurückweichen des Hundes, ohne viel Aufheben zu machen. Springt der Hund zurück, beruhige ich ihn sacht und massiere ihn zunächst nur mit dem Handtuch. Ich agiere so, dass es vom Hund positiv empfunden wird. Darüber schaffe ich aus der Regel ein Ritual, die ständige Wiederholung gibt Sicherheit und ist gerade für unsichere Hunde von ganz entscheidender Bedeutung.

»Der Hund ist (wie der Mensch) ein Gewohnheitstier.«

Sprichwort

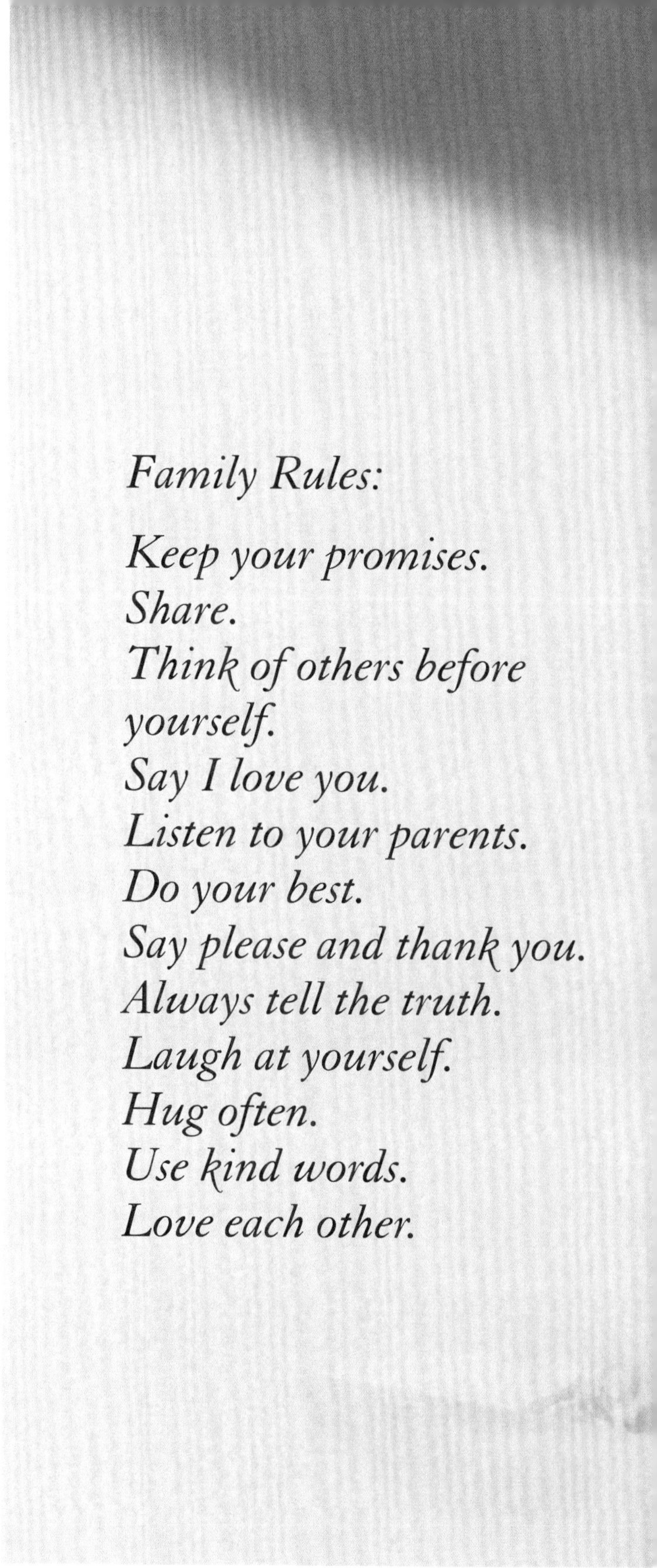

Bulldogge Leila konnte ihr Schildchen gleich wieder in den Koffer packen, denn bei uns gelten die „Family Rules".

WARNING
FROM ZERO TO BITCH
3 SECONDS

Wenn Grenzen überschritten werden, helfen Regeln abzubrechen: Bei „Schluss" ist Schluss.

NICHTS IST SCHÖNER ALS DER REGELVERSTOSS

Regeln grenzen einerseits ein, andererseits schaffen sie Raum für tolerierte Regelwidrigkeiten. Wenn ich beispielsweise das Spielzeug aufräume, sollen die Hunde eigentlich nichts mehr aus der Kiste herausnehmen. Die Regel heißt: „Mit dem Aufräumen ist das Spielen zu Ende!" Das wissen die Hunde und halten sich auch daran. Meistens. Aber heute ist Emma irgendwie auf Streiche aus. Frei nach dem Motto, „Ausnahmen bestätigen die Regel!", kommt sie heimlich angeschlichen und zieht mit spitzen Zähnen (so, dass ich es auf keinen Fall merke) die Stoffschlange aus dem Korb. Ein Riesenteil, ganz und gar nicht unauffällig. Boxer-Hündin Sina ist gleich hilfsbereit zur Stelle, denn Emma kann die Schlange niemals allein tragen. Sofort hängen sich neben Sina, auch Wolfi und Boomer an das Schlangenende. „Jipieh, was für ein Spaß!", die Hunde haben mich gemeinsam reingelegt. Um den Spaß perfekt zu machen, brumme ich lächelnd vor mich hin: „Wer hat denn das Spielzeug wieder ausgeräumt – uih, wenn ich den erwische, der muss alles allein aufräumen!" – Die Hunde wissen natürlich gleich, dass ich nicht ernsthaft böse bin. Hätte Emma jedoch die Schlange für sich allein beansprucht, hätte ich den Regelverstoß sofort beendet. Denn eine unserer festen Grundregeln heißt: „Spielzeug wird geteilt – wer nicht teilen kann, spielt nicht mit." Feste Grundregeln sind unbedingt einzuhalten.

HAUSREGELN

Diese Hausregeln sind keine Norm und auch keine Anleitung dafür, wie das Zusammenleben mit Hund im Haus ablaufen soll. Jeder Haushalt sollte ein eigenes Regelwerk erstellen. Halten sich alle Familienmitglieder und auch der Hund konsequent daran, steht dem harmonischen Miteinander nichts im Wege.

1. Erst der Mensch, dann der Hund

Die menschlichen Belange sind denen des Hundes vorangestellt.

2. Ruhe

Das Haus ist eine Entspannungszone, hier wird Ruhe gehalten und nicht getobt. Auch wenn meine Kinder mit unserem weißen Schäferhund toben und kabbeln wollen, müssen sie das im Garten tun. Aufgedrehte Junghunde, die nicht voneinander lassen können, werden mit den Worten in den Garten geschickt: „Getobt wird draußen!"

Um Ruhe zu bewahren, ist ein fester Schlafplatz hilfreich. Hat man diesen etabliert, ist es für den Hund und seinen Menschen sehr entspannend, auch wenn Besuch kommt (siehe „Jeder Hund kann schlafen lernen", Seite 74).

»Wer Regeln kennt, weiß Ausnahmen zu schätzen!«

Ursula Löckenhoff

INFO FÜR MEHRHUNDEHALTER

Für die Mehrhundehaltung ist der Regelpunkt „Ruhe" absolut wichtig. Ich weite ihn sogar noch aus und gebe vor, dass nicht gebellt werden darf. Die Hunde heizen sich sonst gegenseitig an und fahren sich beim Bellen immer mehr hoch. Im Haus soll aber Ruhe an erster Stelle stehen. Rücksichtnahme ist eine weitere sehr wichtige Regel in der Mehrhundehaltung. Je mehr Hunde im Haus leben, umso mehr müssen sie sich gegenseitig tolerieren und aufeinander Rücksicht nehmen. Dazu brauchen Hunde unsere Hilfe und Anleitung.

3. Rücksichtnahme

Hunde müssen lernen, Rücksicht zu nehmen – sich zurückzunehmen. Der Hundehalter sollte den Hund nicht zum Mittelpunkt und zur Zentralachse seines Alltags machen. Der Hund darf sich nicht permanent angesprochen fühlen und muss lernen, dass er sich im menschlichen Alltag entspannt zurücklehnt, und zwar so lange, bis es wieder um ihn geht.

Wenn ich beispielsweise ein Workout mache, möchte ich nicht, dass der Hund mir dabei durchs Gesicht leckt. Wenn ich Kleinkinderbesuch habe, möchte ich nicht, dass der Hund diese umrennt, es ist mein Besuch. Wenn ich den Einkauf auspacke, möchte ich nicht, dass der Hund die Würstchen aus der Tüte zieht. Wenn ich am Tisch sitze und esse, möchte ich nicht, dass der Hund neben mir bettelnd sabbert. Erwartet man zum Beispiel Gäste und die Regel „Kein Betteln am Tisch" ist nicht etabliert, kann man nicht vom Hund erwarten, dass er das Betteln rücksichtsvoll unterlässt.

4. Keine Aggression

Weder Mensch noch Hund dürfen durch einen anderen Hund verletzt werden. Bissverletzungen sind absolut Tabu. Niemand darf körperlichen und seelischen Schaden nehmen. Auf körperlich schwächere Familienmitglieder (zum Beispiel Kinder oder Seniorhunde) muss unbedingt Rücksicht genommen werden.

5. Sauberkeit

Das Haus ist keine Hundetoilette. Ein Hund muss stubenrein werden. Nicht von heute auf morgen, manche Hunde brauchen einfach länger. Aber es muss das Ziel sein. Das gilt nicht nur für die eigene Wohnung, sondern auch, wenn man zu Besuch ist oder in ein Restaurant geht. Ist man sich unsicher, ob der Hund in fremder Umgebung markiert, nimmt man ihn an die Leine. Sollte dann doch ein Malheur passieren, kann man zeitnah reagieren.

6. Kein Vandalismus

Das Haus ist kein Hundespielplatz. Sofa, Bett, Tisch und auch das restliche Mobiliar sind nicht dafür da, um beim Hund Langeweile abzubauen oder Kreativität freizusetzen. Auch das Zerfetzen von Altpapier gehört bei uns schon zu den Regelverstößen.

Was ist erlaubt und was nicht? Regeln helfen auch dem Welpen weiter.

7. Kein Diebstahl

Selbstbedienung vom Tisch, von der Küchenanrichte, vom Grill oder sonst woher, ist nicht erlaubt, egal wie nett und tief betrübt die Hunde schauen, wenn man sie in flagranti beim „Mundraub“ erwischt.

Gelegenheit schafft Diebe. Hier hilft nur konsequentes Bewachen der angerichteten Speisen und sich nahtlos ans Essen anschließendes Abräumen.

8. Stopp an Türen

Stopp ist Stopp. Der Hund sollte von Anfang an lernen, an der Haus- oder Terrassentür zu stoppen, und zwar in beide Richtungen. Von draußen nach drinnen ist es hilfreich, weil man den Hund dann vor dem Betreten des Hauses säubern kann.

Gelegenheit macht Diebe. Die kleine niedliche Rosa nutzt schamlos ihre Chance.

INFO FÜR MEHRHUNDEHALTER

Für die Gruppenhaltung gilt: Jeder Hund muss einen respektvollen Umgang mit den anderen pflegen. Ressourcen wie (Lieblings-) Menschen, Futter, Liegeplätze und Spielzeug dürfen nicht für sich allein in Anspruch genommen werden. Innerhalb einer Hundegruppe ist das nicht selbstverständlich, die Hunde brauchen dabei unsere Anleitung.

Je mehr Hunde man hält, desto wichtiger ist die Selbstkontrolle des Einzelnen. Geduldiges Warten aufeinander sollte selbstverständlich sein. Eine Übung dazu ist, die Hunde mit Namen anzusprechen und einzeln durch die Tür zu bitten.

Und umgekehrt ist es zwingend notwendig, wenn man beispielsweise an einer befahrenen Straße wohnt. Aber auch, wenn man direkt am Park wohnt, sollte der Hund, bevor er durch die Tür geht, stoppen und auf seinen Menschen warten.

FAZIT

Grundregeln müssen im Vorfeld überlegt und unbedingt eingehalten werden. Sie geben dem Tagesablauf Struktur und allen Beteiligten Sicherheit. Es ist hilfreich, Rituale einzuführen und als liebgewonnene Gewohnheiten zu etablieren. Und solange es sich nicht um eine feste Grundregel handelt, sind kleine Ausnahmen einfach herrlich.

SINNVOLLES ZUBEHÖR

Meine Hunde freuen sich immer, wenn es zum DogWalk rausgeht. Ob ich jetzt in Jeans an der Tür stehe oder im Abendkleid, das interessiert sie nicht.

Hunde mögen keine parfümierten bzw. chemischen Gerüche. Verzichten Sie Ihrem Hund zuliebe auf übermäßiges Deo oder Parfum.

»Kleidung nicht am Körper bügeln!«

Sprichwort

Hunde lieben uns unvoreingenommen, egal wie wir aussehen. So sagt man doch, oder? Grundsätzlich stimmt das auch. Dem Hund ist es zunächst tatsächlich egal, Hauptsache es geht gemeinsam raus in die Natur. Aber wähle ich für den Walk das Abendkleid, fragen die Hunde mich spätestens, wenn wir in den Wald eintauchen: „Was ist denn mit Dir heute los ist, komm lass uns über Bäume klettern – wieso rennst Du nicht mit uns?" Grundsätzlich gilt für die Kleidung: Bequem muss sie sein und man muss sich gut darin bewegen können. Ich liebe den Sommer dafür, dass man kurze Hosen tragen kann. In kurzen Hosen hat man volle Bewegungsfreiheit und man erlebt Dornen und Brennnessel, aber auch nasses und trockenes Gras, genauso wie ein Kurzhaar-Hund.

Schuhe müssen ein gutes Profil haben, damit man einen guten Halt findet. Sie sollten gut geschnürt sein, damit man nicht in den Schnürsenkeln hängen bleibt und sich selbst ein Bein stellt. Ich muss zugeben, dass mir das auch schon passiert ist. Seitdem stecke ich die Schnürsenkelschlaufen tief in den Schuh und rolle die Socken über den Schuhrand. So können die Schnürsenkel sich nicht in den Ösen verhaken. Gummistiefel müssen

Must-haves für den Dogwalk.

bequem sein. Regenkleidung ist immer schwieriger, weil sie sperriger ist und man dadurch Bewegungsfreiheit einbüßt. Eine Kapuze aufziehen zu müssen, ist manchmal nicht anders möglich, aber sie nimmt einem die freie Sicht. Ein „No-Go" für den Walk ist der Regenschirm, denn er muss getragen werden und ist dabei auch noch sperrig. Was Hunde gar nicht leiden können, sind parfümierte Gerüche. Eine übertriebene Verwendung von Haarspray oder Parfum empfinden Hundenasen als scharf und unangenehm. Es reibt und juckt. Die chemischen Gerüche legen sich über alle anderen Riechspuren, das irritiert die Hunde und teilweise verunsichert es sie auch. Für die kleinen „Must-haves" hat sich eine Bauchtasche bewährt. Hat man eine größere Tour vor, ist ein gut sitzender Rucksack sinnvoll. Mehr ist nicht notwendig und würde in der reinen Kommunikation mit dem Hund nur stören.

MUST-HAVES FÜR DEN DOGWALK

- **Handy** – Ein Handy muss immer dabei sein. Über das Handy kann Hilfe gerufen werden und das ist unverzichtbar.
- **Kotbeutel** – Der Kot muss überall dort eingesammelt werden, wo viele Passanten unterwegs sind. Meist sind auf diesen Strecken auch entsprechend Mülleimer positioniert.
- **Schere/ Klappmesser** – Messer oder Schere sind wichtige Werkzeuge in extremen Notsituationen, beispielsweise wenn sich ein Hund in der Leine so verwickelt hat, dass er sich selbst nicht mehr befreien kann.
- **Ein paar Leckerlis** – Ich arbeite ohne Leckerli-Bestätigung. Es ist jedoch hilfreich, gelegentlich eines parat zu haben. Und machen wir eine Rast, gibt es eine Runde Leckerchen für alle.
- **Arnica Globuli** – Geschieht ein Unfall unterwegs, ist die direkte Gabe von Arnica immer sinnvoll. Arnica kann bei Mensch und Hund eingesetzt werden.
- **Rescue Tropfen** – Bach-Blüten können helfend zur Beruhigung in und nach Stresssituationen eingesetzt werden. Rescue-Tropfen sind eine spezielle Mischung für den Notfall.

ZUBEHÖR FÜR DEN HUND

Ein Hund braucht kein Zubehör. Er ist so, wie er auf die Welt gekommen ist, mit sich zufrieden. Das als Gedanken für den Hinterkopf vorweg. Der Hund lebt mit uns in einer urbanisierten Welt, die immer mehr von der natürlichen Ursprungsumgebung abweicht.

Der Hund aber hat seine ursprüngliche Aufgabe nicht vergessen: Er ist und bleibt des Menschen treuer Freund. Der Mensch möchte seinen treuen Hunde-Freund glücklich machen und das bedient der Markt. Schühchen, Mäntelchen, Bettchen, Schleifchen – und das sind die „chens". Auch im Hobbysport gibt es ein breit gefächertes Angebot, zum Beispiel: Dummys mit Fell, wasserfeste Dummys, Dummys mit Gewicht, Dummys als Entenattrappe und und und.

Der Korb beeinträchtigt Taya nicht. Ein Maulkorb muss gut sitzen. Er darf weder drücken noch scheuern.

Hunde sind ursprünglich eher anspruchslos. Brauchen tun sie das alles nicht. Spielzeug und Co kann man sicher weglassen. Aber es wäre auch schade, denn es ist so nett, wenn der Hund seine Spielzeugkiste ausräumt und den Teddy als Kopfkissen zum Schlafen nutzt. Ich mag das. Und manches Zubehör hat auch seine Berechtigung, wie zum Beispiel die Dummys für die Apportierarbeit. Wir Hundehalter sollten nur darauf achten, im Angebot nicht zu übertreiben.
Gebraucht werden je nach Hund unter Umständen Mantel, Maulkorb und auch Hundeschuhe. Mein Gast Fox (ein Fox Terrier) beispielsweise litt an einer krankhaften Verhornung der Pfoten. Das war sehr schmerzhaft, wenn er auf ein Steinchen trat. Die Schuhe haben ihm geholfen, relativ normal zu laufen, und so konnte er mich trotz seiner Schübe weiter auf den Walks begleiten. Das Zubehör für den Hund sollte individuell abgestimmt und angepasst sein. Es sollte hilfreich und unterstützend sein. Es darf die Hunde auch sinnvoll beschäftigen, aber Hundezubehör sollte nicht überfrachten und „overdressen".

DER MAULKORB

Gründe für den Maulkorb:

- Schutzfunktion gegenüber Mensch und Tier
- Schutz für Mensch und Hund in enger Umgebung, zum Beispiel im Auto
- Sicherheit beim Tierarzt
- Katzengewöhnung
- Verhindert unerwünschte Aufnahme von

Kot, von Essensresten sowie von Giftködern. Er ist dabei eine Hilfe beim Training, weil der Erfolg der Aufnahme ausbleibt.
— Vermeidet Lecken an Ekzemen, Verletzungen oder Operationswunden. Der Korb muss dafür vorne geschlossen sein.
— Verhindert Streit um Beute (löst aber keine Beuteagression!)
— Maulkorbpflicht im Ausland (beispielsweise in Österreich bei Verwendung öffentlicher Verkehrsmittel, Zugfahrt)

In einer Studie ließ sich nachweisen, dass der Speichel von Hunden, die Maulkörbe tragen, die gleiche Menge des Stresshormons Cortisol enthält, wie bei Hunden ohne Korb. Und auch auf das Sozialverhalten der Hunde untereinander hatte es keinen Einfluss, dass manche Hunde einen Maulkorb trugen. (Quelle: Gansloßer, Kitchenham „Forschung trifft Hund").
Auch ich beobachte bei der Arbeit mit meiner Gruppe, dass der Maulkorb die Kommunikation nicht beeinträchtig: Die Hundebegegnungen verlaufen nach dem gleichen Muster sowohl mit als auch ohne Korb. Der Hundehalter jedoch, hat in kritischen Situationen Zeit und die nötige Gelassenheit, um seinen übergriffigen Hund zu korrigieren. Die Verletzungsgefahr wird minimiert. Der Maulkorb sollte aber nicht zur Dauerlösung werden, denn dem Hund geht dadurch ein wichtiges Ausdrucksmittel verloren: der Einsatz seines Fanges. Die Hunde definieren sich über ihren Fang. Sie wollen ihn präsentieren, sich gegenseitig spüren und miteinander messen. Hunde brauchen den Fang zum Festhalten, Tragen von Beute und auch das beschwichtigende „Züngeln" ist einem Maulkorbträger nicht möglich. Der Maulkorb ist kein Ersatz für Erziehung und kein „Freifahrtschein", den Hund unkontrolliert laufen zu lassen. Auch mit Korb sollte der Hund kein Kind attackieren, nicht dem Wild hinterhersetzen und auch keinen schwächeren Hund mobben.
Verknüpft man das Tragen des Korbes mit positiven Ereignissen, verstehen und akzeptieren die Hunde schnell dessen Notwendigkeit. Ein Maulkorb ist keine Strafe, sondern ein Hilfsmittel. Hat der Hundehalter dies erkannt, ist das der erste Schritt für eine positive Maulkorbgewöhnung.

Tipps für die Maulkorbgewöhnung:
— Leckerchen aus dem Korb nehmen lassen, loben.
— In positiven Situationen aufziehen. Den Bewegungsradius hält man über die Leine klein: je weniger Ausweichmöglichkeiten, desto weniger Stress. Stellt man den Fuß auf die Leine, bleiben die Hände frei.
— Die Schnalle kann schon vor dem Anziehen verschlossen werden. So lässt sich der Korb über die Ohren stülpen und muss nicht am Kopf verschlossen werden.
— Damit der Hund den Korb nicht gleich mit den Pfoten herunterzieht, anleinen und ein paar Runden laufen. So lernt er auch gleich das Tragen des Maulkorbes positiv zu verknüpfen.

Auf was muss ich beim Kauf eines Maulkorbs achten?
— Der Maulkorb sollte leicht, aber stabil sein und keine scharfen Kanten haben.
— Der Hund muss problemlos hecheln und trinken können.
— Die Auflagefläche auf dem Nasenrücken sollte gepolstert sein.
— Freie Sicht muss gewährleistet sein.

Es gibt unterschiedliche Arten von Maulkörben. Nylonschlaufen taugen nicht viel, sie schützen weder vor unerwünschter Essensaufnahme, noch verhindern sie Bissverletzungen. Diese Erfahrung musste meine Windhündin Zara machen. Sie wurde von einem freilaufenden Husky-Mix, der genau so eine Schlaufe trug, heftig attackiert. Sicher, hätte der Hund die Schlaufe nicht getragen, wäre Zara ihren Bauchverletzungen erlegen. So konnte die Bissverletzung (immerhin) noch genäht werden.
Plastikmaulkörbe schützen zwar besser, halten aber massiven Beißattacken genauso wenig stand.

Wichtig: Ein Hund mit Aggressionsproblematik benötigt einen gut sitzenden Metallmaulkorb. Lassen Sie sich hier unbedingt von einem Fachmann beraten. Es gibt mittlerweile auch Internet-Shops, die sich auf das Thema Maulkorb spezialisiert haben.

Der Fellkragen ist unnötig, die Bauchlasche aber ist funktional und wasserfest.

DER HUNDEMANTEL

Heutzutage nehmen die meisten Hunde am Familienleben teil und wohnen mit uns in gut isolierten und im Winter gut geheizten Wohnungen bei einer Zimmertemperatur von durchschnittlich 22 Grad. In den kalten Wintermonaten sind sie folglich hohen Temperaturunterschieden beim Verlassen des Hauses ausgesetzt. Der Hundemantel ist deshalb als funktionaler Schutz vor Kälte, Regen und Schnee zu empfehlen. Der Einsatz ist von Hund zu Hund individuell zu betrachten, generell aber beim Kurzhaarhund ab circa 5 Grad Außentemperatur anzuraten.

Ich kann alle verstehen, die nun mit den Augen rollen. Auch für mich kam ein Hundemantel früher nie infrage. Damals begleitete mich Schäferhund-Mix Hannes, den ich mit drei Monaten ausgesetzt auf der Straße fand und einsammelte. Zu der Zeit war ich noch im Reitsport aktiv und Sommer wie Winter hielten wir uns viel draußen auf. Hannes war immer ein sportlich aktiver Hund und ist auch ohne Mantel 17 Jahre alt geworden. Geht doch! Heute weiß ich, dass das zwar geht, die Hunde jedoch still leiden. Mit Sicherheit hätte es dem alten Herrn gut getan, wenn ich seine alten Knochen mit einem Mantel geschützt hätte. Denn gerade die Senioren und laufschwachen Hunde sollten nicht auskühlen und rasseunabhängig mit einem wärmenden Mantel ausgestattet werden. Bei einem unterkühlten Senior kommt der Stoffwechsel nur schlecht wieder in Schwung – die Muskulatur muss aber warm und damit geschmeidig und das Gewebe elastisch gehalten werden. So halten wir unsere Hunde länger vital und können Schmerzen minimieren.

Rassespezifisch kühlen Kurzhaarhunde eher aus als Langhaarhunde. Einige kurzfelligen Hunde stellen sogar ihre Haare auf, wenn sie frieren. Kleine Hunde sind temperaturanfälliger als die großen. Sportlich aktive Hunde sollten zwischen den Trainingseinheiten, vor und nach dem Freilauf, einen Mantel tragen. Bei einem alten oder laufschwachen Vierbeiner ist der Hundemantel „ein Muss" und sollte, sofern der Hund Wärme mag, rasseunabhängig Verwendung finden.

FOLGENDE HUNDE SOLLTEN EINEN MANTEL TRAGEN DÜRFEN

- Alte Hunde / Senioren
- Arthrosegeplagte Hunde
- Hunde mit Rückenproblemen (z. B. Spondylose)
- Kranke Hunde (z. B. Niereninsuffizienz, Neigung zu Harnwegsinfekt) und Hunde mit schwachem Immunsystem
- Geschorene Hunde
- Kleine, bodennahe Hunde
- Gehandicapte Hunde
- Aus ursprünglich wärmeren Regionen frisch eingereiste Hunde (Südländer)
- Aktive Hunde vor und nach der Bewegung und in Trainingspausen
- Inaktive Hunde (z. B. der Hund beim Stadtbummel oder im geparkten Auto)

»*Ehrwürdig ist der Mantel, der euch ziert; ihn zu verspotten, wäre Sünde. Doch tragt ihn auch, wie sich's gebührt, und hängt ihn niemals nach dem Winde.*«

Johann Georg Jacobi

BEIM MANTELKAUF BEACHTEN

Das Angebot an Hundemänteln ist breit gefächert. Nicht alle angebotenen, wärmenden Artikel sind funktional, der Hundemantel sollte aber mehr als nur ein Modeprodukt und im Gebrauch immer zweckmäßig sein.

- **Material** Es sollte robust und elastisch sein, nicht knistern oder stark rascheln. Beim An- und Ausziehen sollte es sich möglichst wenig statisch aufladen. Es muss gut waschbar sein.
- **Schnitt** Der Mantel sollte die empfindliche Rücken- und Nierenpartie schützend abdecken. Dabei darf er seitlich nicht zu tief herunterhängen, damit die hockende Hündin sich beim Urinieren nicht einnässt.
- **Mäntel mit breiter Bauchlasche** schützen Hunde mit nackigem Bauch. Bei kurzbeinigen, also bodennahen Hunden sollte sie aus wasserfestem Material bestehen und gut anliegen, bei Rüden muss man schauen, dass die Lasche nicht zu breit ist und beim Pinkeln nicht nass wird.
- **Aussparungen am Mantel für die Leine** sollten so angelegt sein, dass möglichst wenig oder kein Wasser bei Regen auf den Rücken läuft.
- **Tragekomfort** Der Mantel sollte angenehm leicht sein und viel Bewegungsfreiheit bieten. Eine Rutenschlaufe wird von Hunden oft als unangenehm empfunden. Nutzt man die Schlaufe jedoch nicht, liegen diese Mäntel nicht mehr richtig an. Beinschlaufen sorgen für Halt, sie scheuern aber bei unbehaarten Innenschenkeln. Häufig leiern sie aus und hängen störend herunter.
- **Funktionalität** Kapuzen und Co sind überflüssig, sie fallen über Augen und Ohren und beeinträchtigen dadurch die Sinneswahrnehmung.

Ich decke meine Hunde gerne in wind- und wasserabweisende Fleece-Mäntel. Der Schnitt ist einem Windbreaker ähnlich, das heißt, der Hund steckt den Kopf durch das entsprechende Loch, ein angenähter Schal sorgt für den warmen Hals. Verschlossen wird das Ganze mit einer breiten Bauchlasche mit Klett. Fertig.

Ein Hundemantel muss volle Bewegungsfreiheit gewährleisten.

ENTSPANNT UNTERWEGS

Mit den häuslichen Regeln und Übungen legen Sie einen guten Grundstock für einen entspannten DogWalk. Denn alles, was im häuslichen Umfeld nicht klappt, wird auch draußen mit mehr und stärkeren Reizen nicht funktionieren.

Geht's jetzt los? Gelassen warten können – eine Übung, die man im Alltag ständig braucht.

VORAUSSETZUNGEN

Leinenführigkeit – Es läuft sich viel entspannter, wenn der Hund nicht an der Leine zieht, er sich dem vorgegebenen Tempo bereitwillig anschließt und auch in Reizsituationen problemlos führbar ist (siehe Seite 56). Zieht der Hund an der Leine, ist der bequemere Weg, ihn abzuleinen. Richtig ist aber tägliches Leinentraining mit dem festen Ziel der guten Leinenführigkeit vor Augen.

Der sichere Abbruch – Egal in welcher Situation man sich mit seinem Hund befindet, der sichere Abbruch sollte sitzen. Ob das ein „Stopp", oder ein „No" oder sonstige Laute sind, ist egal (siehe Seite 65 und 84).

Warten – Warten können ist immer auch eine Schulung für Gelassenheit und Impulskontrolle. Der Hund muss dafür nicht ins Platz und auch nicht Sitz machen, das spielt keine Rolle. Ein Hund sollte einfach das Warten gelernt haben (siehe Seite 62 und 63).

INFO FÜR MEHRHUNDEHALTER

Für die Mehrhundehaltung ist das Warten besonders wichtig. In einer Gruppe müssen alle lernen, aufeinander Rücksicht zu nehmen, egal ob beim Losgehen, Ableinen oder unterwegs. Bei mir wird es auch so benannt: „Warten".

Luna reagiert freudig und zuverlässig auf den Rückruf.

Zuverlässiger Rückruf – Ein Hund muss während des Freilaufs zuverlässig auf Ruf, Pfiff oder Körpersprache zur Rückkehr bewegt werden können. Ist er im gesunden Austausch mit seiner Führperson, sollte dies selbstverständlich sein. Dabei braucht er beim Herankommen nicht vorzusitzen (oder Ähnliches). Zeigt ein Hund die Tendenz, unabhängig bleiben zu wollen, muss er über die Leine gesichert werden. Freiheit kann nur dem gestattet werden, der sie nicht für eigene Belange missbraucht.

Freigabe – Der Hund muss gelernt haben, auf die Freigabe zu warten. Das ist gar nicht so einfach, erst recht nicht, wenn der Hund in Erwartung auf den Freilauf hoch in der Erregung ist. Macht der Hund einen Frühstart, muss er wieder zurück. Dies sollte auch der Labrador können, wenn man sich dem Wasser nähert: Nicht loslaufen vor der Freigabe! (siehe „Ableinen und Go“, Seite 140)

An unsichtbarer Leine laufen – Die Königsdisziplin ist, wenn der Hund gelernt hat, wie an einem unsichtbaren Band neben seinem Menschen herzulaufen. Er braucht dafür nicht bei Fuß gehen und er muss auch nicht wie ein Soldat neben einem marschieren. Der Hund sollte „nah bei“ laufen und immer im Dialog mit der Führperson stehen. (Mit der Person wohlgemerkt! Nicht mit den Leckerlis und auch nicht mit dem Ball.) Dabei spricht der Hund mit seinem Menschen, er schlägt Wege vor, er zeigt Wild an, er ordnet sich wieder ein und vieles mehr. Auch an der unsichtbaren Leine ist der Leinenbereich Privatsphäre und Fremde, Hunde wie Menschen, dürfen diesen „Raum“ nur mit meiner Erlaubnis betreten.

DOGWALK-REGELN

Gruppenzusammengehörigkeit – Eine Gruppe besteht aus mindestens zwei Individuen. Damit bilden Mensch und Hund bereits eine Gruppe. Grundlage für einen harmonischen DogWalk ist, dass alle Gruppenmitglieder ein Zusammengehörigkeitsgefühl entwickeln. Schließen sich Freunde an, sollte der Gruppengedanke immer im Vordergrund stehen.

Freilauf: Luna wartet auf die Freigabe.

Jede Gruppe braucht einen Gruppenleiter.

Gruppenleiter – Jede Gruppe braucht einen Gruppenleiter. In der Mensch-Hund-Gruppe übernimmt der Hundehalter diese Aufgabe, entsprechend sind seine Führungsqualitäten gefordert. Ist man mit mehreren Menschen und Hunden unterwegs, sollten im Vorfeld Regeln für den gemeinsamen Walk abgeklärt werden. Hier können sich die Gruppenleiter situativ abwechseln, um die Gesamtgruppe zu führen. Innerhalb der Gruppe sollte jeder seinen eigenen Hund führen. Beispiel: Hund Lotte läuft unbemerkt von der Besitzerin ins Gehölz. Der situative Gruppenleiter spricht nicht speziell Lotte an, sondern macht die Besitzerin darauf aufmerksam, die dann wiederum Lotte aus dem Gehölz ruft.

Wichtig: Bei einem Ausflug mit der ganzen Familie sollte nur einer für den Hund verantwortlich sein. Rufen alle Familienmitglieder nach dem Hund, ist dieser verwirrt und führungslos. Ein verwirrter Hund wiederum, verschafft sich Klarheit, indem er die Führung übernimmt.

Rücksichtnahme – Wer mit dem Hund unterwegs ist, sollte auf andere Passanten, wie Wanderer, Fahrradfahrer oder Reiter, Rücksicht nehmen. Je größer die Gruppe, in der Menschen und Hunde zusammenkommen, desto größer muss die Rücksichtnahme sein.

Eine Gruppe, egal ob sie aus zwei oder mehr Individuen besteht, macht geschlossen Platz und den Weg frei.

Beispiel: Eine Mensch-Hund-Gruppe läuft auf einem Waldweg. Der Hund schnüffelt links, der Mensch geht rechts. Auf dem Weg kommt mittig ein Fahrrad entgegen. Der Mensch geht nun entweder auf die linke Seite zu seinem Hund oder er ruft den Hund zu sich. Beide lassen als Gruppe den Fahrradfahrer passieren.

Das ist genauso möglich, wenn man mit mehr als einem Hund unterwegs ist. Reagiert einer der Hunde nicht zeitnah auf den Rückruf, muss er auf Wegen, auf denen man viel ausweichen muss, solange angeleint geführt werden, bis er das Prinzip verstanden hat.

Als Gruppenleiter hält man die Hunde zusammen und macht als geschlossene Gruppe rücksichtsvoll Platz.

Freilauf oder Leine? – Diese Frage stellt sich noch dringender, wenn man mit einer Großgruppe unterwegs ist. Beispiel: Aus der Zweigruppe, Mensch und Hund, löst sich der Hund und rennt kläffend los. Schlimm genug. Verbellen aber zwei, drei oder noch mehr Hunde einen Passanten, ist das eine massive Belästigung. Hunde, die sich an den Gruppenverband und seine Regeln halten, können frei laufen. Hunde, die sich währenddessen nicht reglementieren lassen, werden vorausschauend angeleint. Je nach Reizsituation kann das auch variieren (siehe Seite 122). Grundsätzlich aber gilt: Die Gruppe darf nicht durch den Einzelnen gefährdet werden.

Route – Welche Strecke laufe ich heute, worauf habe ich Lust und was ist aktuell möglich? Wird es eine Tour mit viel Wald oder eine mit mehr Wasser, wird es eine stark frequentierte Strecke oder eine, wo wir kaum jemanden antreffen, wird es eher eine Wanderroute oder eine mit Zeit zum Schnuppern und für ausgiebige Pausen? Die Route lege ich vor dem Walk fest. Dabei sollte ich mich selbst reflektieren: Was ist heute passiert, bin ich traurig, unkonzentriert, müde oder voller Energie und guter Laune. Die Route kann ich entsprechend meiner Verfassung mehr oder weniger anspruchsvoll gestalten. Hunde haben wache Sinne – sie registrieren sofort, wenn wir uns nicht auf sie konzentrieren. Wir sollten den Walk als gemeinsame Aktion nutzen, um unsere Mensch-Hund-Gruppe zu festigen. Ist man noch kein sicher eingespieltes Team, sollte man lieber die Routine wählen, bevor man Neues wagt.

»Das Gemeinsame offenbart sich in erster Linie denen, die nach Gemeinsamkeiten suchen!“

Ernst Ferstl

AUF DER STRASSE

— *und in der Stadt*

DIE SACHE
— *mit der Auslastung*

Wir leben in einer Leistungsgesellschaft. Die Kinder lernen heutzutage, ihren Namen zu schreiben, noch bevor sie ihre Schuhe zubinden können. Ähnlich möchten auch viele Hundehalter ihren begabten Hund von klein auf schulen und fördern.

01

02

ARBEITS- ODER FAMILIENHUND?

Er soll der beste, schlaueste und der begabteste Hund werden, man möchte stolz sein auf seinen Hund. Weimaraner, Labradore, Schäferhunde, Terrier, Collies – sie alle bringen als hochqualifizierte Spezialisten schon genetisch viel Potenzial mit. Und so ist der Halter stets bemüht, seinen Hund artgerecht und vor allem rassetypisch auszulasten. Die Talente sollen keinesfalls verkümmern. Die Konsumindustrie tut das ihrige dazu und es gibt ein Riesenbeschäftigungsangebot wie: Mantrailing, Dummytraining, Agility, Dogdancing, Flyball und und und. Es werden Tipps für IQ-Training, Beschäftigungsspiele, Ideen für drinnen und draußen, Kopfarbeit beziehungsweise Hundedenksport angeboten. Besser, höher, weiter, schneller: es wird einem ganz schwindelig davon, und genauso geht es unseren Hunden auch. Bevor man seinen Hund einer Ausbildung unterzieht, sollte man sich überlegen: Wo will ich mit meinem Hund hin? Was soll aus ihm werden, wenn er groß ist, wird er ein Arbeits- oder ein Familienhund? Soll der Windhund ein Rennchampion werden, der Deutsch Kurzhaar der beste Vorstehhund oder der Border Collie der Gewinner des Agility-Wettbewerbs? Was setze ich frei, wenn ich meinem Hund beispielsweise Mantrailing als Hobby anbiete. Kann ich das, was ich freisetze, im Alltag auch kontrollieren? Die Mensch-Hund-Beziehung muss dabei alltagstauglich bleiben und sollte sich nicht nur auf Sportplatz, Jagdrevier oder Ähnliches beschränken.

03

04

05

BEISPIELE FÜR BESCHÄFTIGUNGSARTEN MIT POSITIVEN FOLGEN

Longieren Das Longieren kommt aus dem Pferdesport. Der Hund bewegt sich dabei außerhalb einer Markierung im Kreis. Tempo und Richtungswechsel werden verbal, aber hauptsächlich mittels Körpersprache vorgegeben. Die Longierarbeit fördert den Hund geistig und körperlich, vor allem aber stärkt sie die Mensch-Hund-Beziehung. Fortgeschrittene können Hindernisse, Tricks und Apportierübungen mit einbauen, so wie jeder Hund es mag und anbietet. Auch das Longieren funktioniert nicht auf Knopfdruck. Deswegen müssen Training und Zielsetzung an den Hund angepasst werden. Der Spaß an der gemeinsamen Sache ist entscheidend.

01 *Gemeinsam Kreise laufen. Die erhobene Hand zeigt an: Achtung, alle sammeln!*

02 *Eine direkte Ansprache, verbal und per Fingerzeig, motiviert den Einzelnen, sich zu beteiligen.*

03 *Alle Hunde sind jetzt hochmotiviert. Die Hunde, die außen laufen, müssen mehr Tempo aufnehmen, benötigen also mehr Motivation. Die Ansprache erfolgt über die führende, ziehende Hand.*

04 *Die innen laufenden Hunde werden gebremst. Die Ansprache erfolgt über die stoppende, stehende Hand.*

05 *Tempo aufnehmen: Eine Hand zeigt jetzt in Laufrichtung. Die Ansprache erfolgt verbal, dabei zieht die seitlich führende Hand die hinteren Hunde mit.*

Vorteile für den DogWalk und den Alltag:
- Gemeinsame Aktivität von Mensch und Hund
- Der Hund lernt, sich auf seine Führperson zu fokussieren.
- Der Power-Hund wird über Konzentration in Kombination mit Bewegung ausgelastet, *ohne* den Einsatz von Ballschleuder & Co.
- Distanzzonen und Raumvorgaben einzuhalten, kann so trainiert werden.
- Die Kooperation mit der Führperson wird gefördert. Der Mensch lernt zu führen, während der Hund lernt, seiner Führperson zu vertrauen.
- Die Führperson muss deutlich über Körpersprache kommunizieren. Die Beobachtungsgabe und der körpersprachliche Ausdruck werden geschult.
- Die Longierarbeit ist auch auf dem DogWalk zugunsten des Mensch-Hund-Teams einsetzbar.

In der Mehrhundehaltung habe ich die Longierarbeit für meine Hunde etwas abgeändert. Ich habe den Kreis aufgehoben und das In-der-Reihe-Laufen eingeführt. Dabei laufen die Hunde alle frei und locker um mich herum. Zeige ich körpersprachlich nach links, läuft die Gruppe geschlossen nach links. Zeige ich nach rechts, laufen wir nach rechts. Stopp ist Stopp. Das Tempo gebe ich mit meiner Schrittgeschwindigkeit vor. Kommen wir auf eine freie Fläche, fächert sich die Gruppe auf, bleibt aber als Gruppe erhalten. Möchte ich nun nach links, zeige ich erneut körpersprachlich nach links, die Gruppe bleibt weit gefächert, zieht aber insgesamt nach links.

Do as I do „Do as I do" heißt soviel wie: „Mach's mir nach". Der Hund lernt durch Nachahmen neue Verhaltensweisen. Zum Beispiel: Der Halter tippt mit dem Finger auf eine umgestülpte Schüssel und der Hund macht es mit der Pfote nach. Bei dieser Art Beschäftigung nutzt man die kognitiven Fähigkeiten des Hundes und seine Bereitschaft zur Interaktion mit dem Menschen. Aufgebaut wird dies üblicherweise übers Clickern. „Do as I do" ist auch wunderbar auf dem DogWalk anwendbar: Der Halter geht nach rechts,

der Hund tut es ihm nach; oder er setzt sich, der Hund setzt sich ebenfalls. In der Natur sollte dies jedoch ohne Clicker ablaufen, damit der Dialog ein echter bleibt. Die Dialog-Basis sollte nicht das Clickern (bzw. die Leckerchen) sein, sondern die Beziehung zwischen Mensch und Hund.

Vorteile für den DogWalk und den Alltag:
- Der Hund lernt, sich auf seine Führperson zu fokussieren.
- Konzentration und Aufmerksamkeit werden gefördert.
- Die Kooperation mit der Führperson wird gefördert.
- Die Führperson muss deutlich über Körpersprache kommunizieren.
- „Mach's mir nach" ist auch auf dem DogWalk zu Gunsten des Mensch-Hund-Teams einsetzbar.

„Mach's mir nach" ist in der Mehrhundehaltung normales Tagesprogramm. Die Hunde schauen sich Gutes wie Schlechtes voneinander ab. Es ist meine Aufgabe als Leitmensch das Lerngeschehen zu lenken. Aktionen, die sich positiv für die Gruppe auswirken, werden gelobt, die negativen entsprechend ermahnt.

Mantrailer im Einsatz. Beim Mantrailing führt der Hund den Menschen.

EIN BEISPIEL MIT MÖGLICHEN NACHTEILEN FÜR DEN DOGWALK

Hunde kann man über die vielfältigsten Sportarten auslasten. Aber haben Sie schon einmal darüber nachgedacht, ob *Ihr Hund* das wirklich braucht? Können Sie das, was über den Sport bei Ihrem Hund freigesetzt wird, auch im Alltag kontrollieren? Das sollte eine Überlegung im Vorfeld wert sein. Bitte verstehen Sie mich an dieser Stelle nicht falsch, ich halte sehr viel vom Mantrailing, aber lassen Sie es mich an diesem Beispiel erklären.

Mantrailing Mantrailing steht für die Suche des Hundes nach einer Person anhand ihres individuellen Geruches. Der Unterschied zu „normalen“ Such- und Fährtensuchhunden ist, dass die Mantrailer speziell dafür ausgebildet werden, menschliche Gerüche voneinander zu unterscheiden. Und Mantrailer können noch viel mehr. Sie sind fähig, auch in Städten, also auf Straßen und innerhalb von Gebäuden und Autos etc., Vermisste aufzuspüren. Die Hunde tragen bei der Arbeit ein gut sitzendes Geschirr und mit einer Schleppleine führen sie ihren Menschen zur gesuchten Person. Ein gut ausgebildeter Hund kann eine Spur auch noch nach Tagen aufnehmen und verfolgen. Mantrailer sind ausgebildete und hochqualifizierte Helfer des Menschen. Sie arbeiten eng mit ihrer Führperson zusammen, bilden ein perfektes Mensch-Hund-Team, ohne das eine erfolgreiche Suche nicht möglich wäre.

Mantrailing – die ideale Auslastung? Mantrailing boomt und ist zum Auslastungssport für den Stadthund avanciert. Nicht nur der jagdlich ambitionierte Hund, auch der Hütehund werde über die Nasenarbeit artgerecht beschäftigt und ausgelastet, heißt es. Der Hund erschnüffelt dabei unzählige Informationen und verarbeitet sie. Geistige Auslastung ist das Zauberwort. Wer will die nicht für seinen Hund? Beim Mantrailen wird die Nase des Hundes geschult und trainiert: Aus dem Familienhund wird ein hochqualifizierter Spezialist, der nun erst recht Auslastung einfordert. Der Hund muss jetzt lernen, das Hobby vom Alltag zu unterscheiden. Können Sie das leisten? Schnell ist der Hund frustriert, weil er gar kein wirklicher Spezialist sein darf. Mantrailing eignet sich meiner Meinung nach nicht als Breitensportart. Den Hund lasten simple Suchspiele, wie Verstecken oder Leckerli-Fährten legen, genauso aus. Tägliches Leinentraining ist zwar unspektakulär, aber weit alltagstauglicher.

Bewusst gemeinsam mit dem Hund in der Natur Zeit verbringen, das macht Mensch und Hunde glücklich.

Nachteile für den DogWalk und den Alltag:

- Die Hundenase wird professionalisiert. In dem Ausmaß ist das im Alltag nicht erforderlich. Das frustriert manchen Hund.
- Der Hund hängt sich bei der Suche in Geschirr und Leine und übernimmt bei einem ungeschulten Halter auch beim Walk die Führung.
- Bei einem Mantrailingkurs müssen die Hunde im Auto warten, bis sie an der Reihe sind. Das kann den ganzen Tag dauern. Allein gelassen, staut sich die Aufregung , die freudige Erwartung wird zum Stress, der erst einmal wieder abgebaut werden muss. Der Hund kann im schlechtesten Fall nicht mehr gelassen warten.

Unsere Hunde leisten uns im Alltag Gesellschaft. Das ist ihr „Job" und den machen sie gern. Wenn wir den Hund einfach nur Begleiter sein lassen, mit ihm bewusst Zeit in der Natur verbringen, dann brauchen wir nicht so viel über eine rassespezifische Auslastung nachzudenken. Das sollten wir lieber im Vorfeld vor der Anschaffung des neuen Familienmitgliedes tun, beispielsweise bei der Rasseauswahl.

Arbeits- beziehungsweise Diensthunde werden ausgebildet, um den Menschen zu helfen. Diese hochspezialisierten Profis werden tatsächlich unglücklich, sollten sie ihrer Spezialisierung nicht nachgehen können.

Alltagstauglicher Begleiter

Zur gemeinsamen Aktivität gehört die Pause unbedingt dazu.

DIE ÜBERBEWERTETE AUSLASTUNG

Für unsere Hunde ist es das größte Glück, bei uns Menschen zu sein. Wir müssen uns frei machen von übersteigerten Erwartungen und sollten weniger ehrgeizig sein. Es gibt kein perfektes Individuum. Eine partnerschaftliche Beziehung kann man sich nicht erkaufen, weder durch Leckerli oder Bällchen und auch nicht durch überambitioniertes Training. Wir müssen uns als Persönlichkeit in das Mensch-Hund-Team einbringen und unser Hund sollte die gleiche Chance bekommen. Dafür wird er uns lieben.
Bewegung durch die Natur zusammen mit der Bezugsperson, das ist wichtig für alle Hunde, egal ob groß oder klein und völlig unabhängig von ihrer Rasse. Dabei müssen sich Halter und Hund gruppenorientiert verhalten. (Zur Erinnerung: Eine Gruppe bildet man ab zwei Individuen.) Das ist die Basis für körperliche und geistige Auslastung – nicht mehr und nicht weniger.
Bewegung bedeutet nicht automatisch wilde Aktivität. Die Art der Beschäftigung lasse ich die Hunde meiner mitgeführten Gruppe entscheiden. An manchen Tagen gehen wir nur aufgefädelt träge hintereinander her, an anderen springen wir über Bäume und stellen uns auf Baumstümpfe. An windigen Tag beispielsweise gibt es für den Hund nichts Schöneres, als mit dem Wind über die Wiesen zu jagen. Jeder Hund muss seinen Platz in der Gruppe finden, auch das ist ganz schön anstrengend. Erinnern Sie sich an Ihre Pubertät, als Sie eine neue Clique kennenlernten, man musste sich positionieren und ins rechte Licht rücken. Der mit den Ideen kam gut an, der, der immer gleich jammerte oder ständig nörgelte, weniger. Die Hunde agieren im Wissen miteinander, dass ich sie innerhalb der Gruppe führe und lenke.
An die aktiven Phasen schließen sich, ganz wichtig, die Ruhezeiten an. Mancher Hundehalter fragt mich, wie ich denn seinen so aktiven Hund während seines Aufenthaltes bei uns ausgelastet habe. Über Ruhe finden, antworte ich dann. Natürlich laufen wir täglich unsere Touren: durch Wald, über Wiesen und ans Wasser. Aber die Hunde zelebrieren hier im „Hause Löckenhoff" im Lauf des Tages auch besonders ihre Ruhe- und Entspannungsphasen (siehe Seite 70).

VERKEHRSERZIEHUNG

Verkehrserziehung fängt bei uns Hundehaltern an. Gerade im Straßenverkehr sind Hunde auf eine vorausschauende Führperson angewiesen, deswegen muss der Hund angeleint geführt werden. Die Leine ist dabei locker, hängt aber nicht durch, ideal ist eine leichte „Anlehnung" (siehe Seite 62). Die Führperson ist also in gutem Kontakt mit ihrem Hund, achtet auf die Körperspannung und Ohrenhaltung des Hundes. Was sieht und womit beschäftigt sich der Hund, was regt ihn auf, ängstigt oder reizt ihn? Erkennt man die Signale frühzeitig, kann man entsprechend vorausschauend reagieren. Ist der Hund es gewohnt, allein Entscheidungen zu treffen, muss die Führperson bei Korrektur des Hundes mit einer längeren Reaktionszeit rechnen. Die Straße eignet sich nicht als Hundespielplatz, deswegen sollte jeder Hundekontakt im Straßenbereich vermieden werden. Der Hund sollte locker neben einem her traben oder schreiten. Die Nase sollte oben bleiben und nicht alle Gerüche des Bodens aufnehmen, denn über die Nasentätigkeit entfernt sich der Hund aus dem Kontakt zum Menschen, er geht ins „off" und wird schnell unkontrollierbar. Und selbstverständlich sollte jeder Hundehalter die Hinterlassenschaften seines Hundes mit entsprechend mitgeführten Plastiktüten entsorgen.

> *»Links gehen, der Gefahr entgegen sehen!«*
>
> *Sprichwort*

BILDER IM KOPF

Vor dem Verlassen des Hauses ist es ratsam, sich zu sortieren. Der Vorteil beim Walk mit dem Einzelhund ist, dass ein speziell auf den einzelnen Hund fokussiertes Laufen möglich ist. Im Bedarfsfalle ist so intensives Training möglich. Es

Über Körpersprache wird das „Stopp" unterstrichen.

besteht jedoch die Gefahr, dass der Hund und dessen Probleme zum Zentrum des eigenen Denkens werden. Wer schon beim Anleinen Bilder im Kopf heraufbeschwört, an welcher Ecke der Erzfeind des Hundes lauern könnte, der schafft eine schlechte Basis für die eine tatsächliche Begegnung. Wenn ich also um das Problem weiß: Konflikt beim Aufeinandertreffen mit dem großen Nachbarshund, warte ich nicht ab, was mein Hund dazu zu sagt, sondern *agiere* situativ angepasst *vor* meinem Hund. Das ist nur ein Beispiel, es gibt keinen Knopf, den man drücken kann, und alles wird gut. Tauscht man die Bilder im Kopf aber gegen Entschlossenheit und eigene Angstfreiheit aus, ist man ein ganzes Stück weiter. Das hört sich nun sehr esoterisch an. Aber wenn mir Hunde mit den Worten: „Der ist nicht leinenführig!" übergeben werden, dann weiß ich, dass es mich zwar Energie und Arbeit kosten wird, dass der Hund jedoch mit der Zeit ganz bestimmt ordentlich in der Gruppe mitlaufen wird. Jedes andere Bild im Kopf ist störend, wenn man mit Hunden unterwegs ist.

Konsequentes Halten an der roten Ampel.

Gelassen geht es dann über die Straße.

Checkliste

SICHER DURCH DEN VERKEHR

- ☐ Konsequent an Verkehrsregeln halten: Am Bürgersteig stehen bleiben, Signal „Stopp" geben, Zebrastreifen nutzen und nur bei grüner Fußgängerampel die Straße überqueren.
- ☐ Den Hund auf dem Gehweg immer auf der sicheren, das heißt von der Straße abgewandten Seite gehen lassen. Bürgersteig mit parkenden Autos wählen, diese geben zusätzlich Sicherheit.
- ☐ Bei fehlenden Gehwegen immer links, dem Verkehr entgegen gehen, Hund auch hier auf der von der Straße abgewandten Seite führen.
- ☐ Zur Sicherheit auch Umwege in Kauf nehmen.

01

02

GEFAHREN VERMEIDEN

- **Leinenführigkeit** – Je besser die Leinenführigkeit, desto stressfreier ist es für den Halter, mit seinem Hund unterwegs zu sein. Wie es geht, wird Seite 62 beschrieben.
- **Engpässe** (schmale Wege, Baustelle) – Hund kurz nehmen. Dem entgegenkommenden Hund ausweichen, besser warten.
- **Kleine Hunde** – werden sowohl von Passanten wie von Autofahrern schlechter gesehen. Führt man einen kleinen Hund, muss dies bedacht werden.
- **Flexileinen** – sind sehr dünn und werden von Passanten und Hunden nur schlecht wahrgenommen. Schnell werden sie zu gefährlichen Stolperfallen. Da sie sehr lang sind, kann sich der Hund viel Raum nehmen. Je weiter er sich entfernt, desto weniger kontrollierbar ist er (siehe „Räume“, Seite 52). Das Endstück liegt schlecht in der Hand. Fällt es aus der Hand, scheppert es dem Hund hinterher und er flieht im schlechtesten Fall panisch.
- **Bei schlechten Sichtverhältnissen** (Regen, Nebel, Dämmerung) – auf gut erkennbare Kleidung achten, zum Beispiel reflektierende Bänder, Leinen oder Mäntel verwenden.
- **Maulkorb** – Für Auflagenhunde und Hunde, die ihren Fang nicht unter Kontrolle haben und Beißbereitschaft zeigen (siehe Seite 88).
- **Pinkelpause** – Hunde müssen in der Stadt nicht Hauswände & Co markieren! Sie sollten zum Lösen an einen Wiesenstreifen geführt werden.
- **Verbellen** – Passanten, Briefträger und auch andere Hunde dürfen unterwegs nicht verbellt werden. Weiß man, dass der eigene Hund dazu neigt, sollte er entsprechend kontrolliert geführt und korrigiert werden.
- **Bewegungsreize** – Zum Beispiel Katzen, Eichhörnchen und Blätter fangen, Radfahrer, Jogger und Autos jagen. Es gilt, den Hund vorausschauend durch die Stadt zu führen. Je besser man seinen Hund lesen kann, desto effektiver gelingt dies.

FAZIT ZUM HUNDELEBEN IN DER STADT

Der Hund hat in unserer Gesellschaft einen fast menschlichen Stellenwert und gerade in den Städten vermenschlicht unser felliger Freund immer mehr. Aber auch der Stadthund ist und bleibt das Raubtier Hund, mit allen Bedürfnissen, Trieben und Aggressionen, die damit verbunden sind.

03

04

Für sein Wohlbefinden braucht der Hund keine ehrgeizigen „Hundeeltern", keinen vollen Terminkalender, gespickt mit drei unterschiedlichen Sportarten und Trainingsmethoden.
Ein Hund braucht einen Besitzer/Leitmenschen, der Zeit mit ihm verbringen möchte, sei es nun aktiv oder passiv. Unsere Hunde sind wunderbare Gesellschafter, aber dabei muss der Hund Hund bleiben können. Er muss neben dem Stadt- und Büroalltag den Duft von Wald, Wiesen und Wasser schnuppern können und dies als gemeinsame Aktion mit seinem Menschen. Hunde sind nicht gern allein, das Zusammensein und die gemeinsamen Erlebnisse machen unsere Hunde glücklich.

01 Überall Füße. Kleine Hunde müssen im hektischen Stadtbetrieb geschützt werden.

02 Kleine Aufgaben im Alltag übernehmen, das macht Hunden Freude.

03 Am städtischen Brunnen kann der Durst gelöscht werden. Pausen sind auch beim Stadtbesuch ganz wichtig.

04 Schauen erlaubt, aber spielen nicht: Die Straße ist kein Hundespielplatz.

01

02

WAS KANN ICH AUF DER STRASSE ÜBEN?

— **Stopp und warten** – kann an Ampeln und Bordsteinen geübt werden. Einfach einmal nichts tun: kein Kratzen, kein Schnuppern, sondern einfach nur gelassen neben der Führperson stehen und warten.

— **Auf die Führperson achten** – kann in ruhigen Seitenstraßen geübt werden. Dafür nutzt man die Lücke zwischen zwei parkenden Autos und hält den Hund im Kontakt. Erst wenn die Führperson den Weg frei gibt, darf der Hund gelassen die Straße überqueren. Hat er gelernt auf den Menschen zu achten, können Straßen mit mehr Verkehr überquert werden.

01 Beschäftigungsidee für den Stadtgang. Auf Mauern balancieren, das macht Spaß und festigt die Führung.

02 Anzeigen der Laufrichtung und körperliches Sichern der offenen Seite.

03 Bei hohen Mauern hilft man dem Hund beim Abstieg. Man hält ihn sicher und hebt ihn herunter.

04 Slalom laufen: Der Hund wird auf die gemeinsame Aktivität aufmerksam gemacht.

05 Der Hund passt sich (nach Korrektur der Laufrichtung) der Schrittfolge seiner Führperson an.

06 Jetzt bedarf es kaum noch Körpereinsatz. Ein einfaches, aber effektives Training, um sich aufeinander abzustimmen.

04

03

— **Impulskontrolle** – Eine erste Übung für den Hund, nicht seinem Impuls, sondern der Führperson zu folgen, ist, nicht alle Menschen freudig zu begrüßen und anzuspringen. Schwerer wird es, wenn man für den Hund bekannte Personen mit einbezieht. Gelingt die Übung an der Leine, kann sie in der Natur auch ohne Leine trainiert werden.

Bitte beachten: Menschen dürfen den Hund nicht bestätigen, sollte die Übung misslingen.

— **Richtungswechsel** – kann man einbauen, indem man seinen Hund Bordsteine hoch und herunter führt. Dabei mache ich verbal und über Handzeichen auf die Kante aufmerksam. Ich achte auf meinen Hund und der Hund auf mich. Kommunikation wird dabei geübt.

— **Selbstkontrolle** – Der Hund muss unterwegs nicht jede Hauswand markieren. Er kann bis zum Park warten. Signalisiert der Hund, dass es ganz dringend ist, führe ich ihn zum Lösen zum Baum (nicht umgekehrt).

— **Aufmerksamkeit** – Ähnlich wie oben, jetzt führe ich den Hund Slalom um Bewegungspfähle. Gebe ich keine deutlichen Signale, werde ich vom Hund nicht verstanden. Dies übt zusätzlich meine Körpersprache.

— **Nein! Das lassen wir liegen!** – Unterwegs soll nichts aufgenommen werden. Ein konsequentes „Nein“ trainiert beim Hund die dafür nötige Selbstbeherrschung (siehe Seite 14).

— **Selbstbewusstsein** – stärke ich, indem ich Gefahren im Straßenbereich nicht meide, sondern souverän den Hund durchführe. Das festigt meinen Status als Leitmensch.

05

06

DER WALD

— ein echtes Abenteuer

BEDEUTUNG DES WALDES FÜR MENSCH UND HUND

Der Wald übt eine magische Anziehungskraft aus. Bäume, die in unterschiedlichem Licht fast wie Skulpturen aussehen. Dazu mischen sich die geheimnisvollen Geräusche: rauschende Baumkronen, das Knarzen und Ächzen der Zweige.

Wir haben die Straßen mit Lärm und Betriebsamkeit hinter uns gelassen und sind am Waldrand angelangt. Im Wald ist es dämmrig und kühl. Die großen, dickstämmigen Bäume mit ihren kräftigen, verzweigten Wurzeln faszinieren vor allem durch ihr hohes Alter. Wussten Sie, dass die Stiel-Eiche (*Quercus robur*) unter den heimischen Laubbäumen das höchste Lebensalter erreicht und die Eibe (*Taxus baccata*) sogar 3 000 Jahre alt werden kann? Unabhängig vom Alter:

»Der Wald heißt jeden Willkommen. Er weckt unsere Sinne und lässt uns aufhorchen. Wir lassen den Alltag hinter uns und lauschen seinen uralten Geschichten.«

Ursula Löckenhoff

Die Bäume dämpfen die Großstadtgeräusche – im Wald bleibt der hektische Alltag draußen. Was ist der Wald eigentlich? Haben wir uns darüber schon einmal Gedanken gemacht? Das „Kosmos Wald- und Forstlexikon" definiert aus ökologischer Sicht: „Der Wald ist ein vernetztes Sozialgebilde und Wirkungsgefüge seiner sich gegenseitig beeinflussenden und oft voneinander abhängigen biologischen, physikalischen und chemischen Bestandteile, das praktisch von der obersten Krone bis hinunter zu den äußersten Wurzelspitzen reicht." Wälder sind natürliche Ökosysteme und bieten Lebensraum für viele Wildtierarten. Unser Walk führt uns über breite, gut befestigte Wanderwege, manchmal mit morastigen Abschnitten, über kleine, verschlungene Pfade, über Stock und Stein, vorbei an dichtem Gestrüpp und mit Moos überzogenem, totem Holz. Gastfreundlich empfängt und umschließt uns der Wald, entsprechend sollten wir seine beheimateten Tiere und Pflanzen respektieren. Das Betreten des Waldes ist zur Erholung gestattet. Hunde dürfen frei laufen und müssen sich dabei kontrollierbar in Sichtweite auf den Waldwegen aufhalten. So verlangt es das Bundeswaldgesetz (§ 14). Die Waldtiere brauchen Rückzugsmöglichkeiten und auch Erholungssuchende oder Sportler möchten nicht von Hunden belästigt werden. Letztere allerdings sind häufig mit Knopf im Ohr anzutreffen. Von Musik beschallt, sind sie vom Wald und seinen faszinierenden Geräuschen völlig abgeschottet.

Wir tauchen ein in das Netzwerk des Waldes.

Mit Musik käme man besser in den „Flow", habe ich mir erklären lassen. Bei meiner Frage, warum man denn nicht im Fitnessstudio auf einem Laufband jogge, zeigen die sportlichen Hundehalter auf ihren Hund und traben grinsend weiter. „Dumme Frage", sollte das wohl heißen, „der Hund braucht doch auch Bewegung!"

Einige Hunde der sportlich engagierten Jogger laufen tatsächlich neben ihrem Halter. Andere aber entdecke ich beim Stöbern im Unterholz. Oder man sieht sie erst gar nicht, sondern hört sie laut bellend im Wald jagen. Manche Hunde demonstrieren meinen Hunden gegenüber dominante Drohgebärden oder zeigen erschrockenes Fluchtverhalten. Der Halter indessen, joggt an uns vorbei und bleibt passiv, scheinbar desinteressiert am Verhalten seines Hundes. Der Wald ist jedoch wie eine Wundertüte für einen auf sich selbst gestellten, unkontrollierten Hund.

Als ich eine Joggerin gestikulierend (sie hörte mich ja nicht) darauf aufmerksam machte, dass ihr Hund entgegen ihrer Laufrichtung fernab der Wege laufe, nahm sie ihre Stöpsel aus den Ohren und erzählte mir ganz stolz: „Mein Hund kennt die Stelle, wo ich die Straße überquere, dort wartet er immer auf mich. Er weiß sonst auch, wo ich parke. Wir haben uns noch nie verfehlt." Sie stöpselte sich die Musik wieder ins Ohr und trabte entspannt weiter. Eigentlich hätte ich ihr noch gern etwas vom Wald, seiner Schönheit und seinen Gesetzen ans Herz gelegt.

Im Landschaftsgesetz Nordrheinwestfalen gibt es einen Paragraphen zum allgemeinen Schutz wild lebender Tiere und zum Verbot der Zerstörung von Biotopen. Außerhalb von Wegen müssen Hunde angeleint geführt werden. Das Betreten von Forstkulturen, Forstdickungen, Holzeinschlagsflächen, forstwirtschaftlichen und jagdlichen Einrichtungen ist nicht erlaubt. Geschützt wird der Wald durch das Bundeswaldgesetz, als Rahmengesetz tritt es für die Erhaltung des Waldes ein und fördert die Forstwirtschaft. Grundsätzlich ist jede mit Forstpflanzen bestockte Grundfläche ein Wald.

01

ABENTEUER WALD

Der Wald stellt Mensch und Hund jeden Tag vor neue Herausforderungen. Im Team geht es nun daran, gemeinsam das Abenteuer „Wald" zu erleben.

SCHULUNG DER SINNESORGANE

Der Wald bietet eine Fülle an Informationen, die wir, Mensch wie Hund, durch unsere Sinnesorgane aufnehmen:

— **Augen (das Sehen – visuell)** Das Auge muss sich den Lichtreflektionen anpassen. Schatten und Licht wechseln sich im Wald ab. Hindernisse müssen rechtzeitig wahrgenommen werden, um entsprechend schnell reagieren zu können.

— **Ohren (das Hören – auditiv)** Die Laute der Bäume, Gräser und Tiere treffen das Ohr. Die Aufgabe: bekannte und unbekannte Geräusche einzuordnen und auszuwerten.

— **Haut (das Tasten – kinästhetisch)** Die abwechslungsreiche Beschaffenheit des Waldbodens hinterlässt beim Laufen vielfältige Eindrücke. Er kann trocken, nass, steinig, sandig, morastig, federnd, glitschig, weich oder hart, aber nie eintönig sein.

— **Nase (das Riechen – olfaktorisch)** Der Wald bietet für Hunde eine wahre Geruchsexplosion. Wir können davon nur einen Bruchteil wahrnehmen. Es duftet nach feuchtem, frischem Waldboden, Kräutern, Pilzen und nach den Tieren, die im Wald leben.

— **Mund (das Schmecken – gustatorisch)** Rinde, Stöcke, Waldkräuter, Waldboden – es gibt viel zu entdecken und zu schmecken.

Hunde haben uns gegenüber einen Riesenvorteil, wenn es darum geht, aus der Vielzahl an Informationen, die auf unsere Sinne prasseln, diejenigen herauszufiltern, die situativ von Bedeutung sind. Um der Natur ein Stück näherzukommen, sollten

02

03

wir unsere Hunde beobachten und uns von ihnen im Auswerten der Sinneseindrücke schulen lassen. Zusammen mit unseren Hunden können wir folglich eine Menge für unsere Wahrnehmung tun.

FAZIT ZUR BEDEUTUNG DES WALDES

Der Waldbesuch wirkt sich positiv auf die Psyche (Mensch und Hund) aus, denn hier werden Körper und Seele gefordert. Wenn wir den Waldbesuch bewusst mit dem Hund erleben, stärkt das die Beziehung zu unserem Hund und die Hunde sind rundum ausgelastet (siehe „Was kann ich mit meinem Hund im Wald erleben“, Seite 126).

04

01 Schauen, riechen, tasten.

02 Den Wald schmecken.

03 Es knistert und klopft – Macano ist ganz Ohr.

04 Den Wald mit allen Sinnen erleben.

ABGELEINT DURCH DEN WALD

Wenn ich mit der Hundegruppe am Waldrand angekommen bin, halten wir an und ich beginne, die Hunde einzeln abzuleinen. Es können die Hunde von der Leine, die gut in die Gruppe integriert sind, sich an ihr orientieren und mich als Leitmensch akzeptieren.

„Warten!" Beim Ableinen bleibe ich mit den Hunden im Gespräch.

Gemeinsames Warten erhöht die Freude auf gemeinsame Abenteuer.

ABLEINEN ALS RITUAL

Das Ableinen ist ein sich wiederholender, immer gleich ablaufender Vorgang. Während ich die Hunde ableine und mir die Leinen umhänge, bekommen die Hunde die Aufgabe gestellt, geduldig zu warten. Beim Warten müssen die Hunde aber nicht ins „Sitz" oder „Platz". Sie sollen verstehen, warum sie warten, und dafür benötige ich ihre Aufmerksamkeit und keinen stoischen Gehorsam. Die feste Regel beim Ableinen lautet: *„Warten, bis es losgeht!"* Markieren, Kratzen und Schnuppern gehören genauso wenig zum Ableinen, wie die Kontaktaufnahme untereinander oder gar Spielaufforderungen. Feste Regeln ritualisieren Tagesabläufe und lassen sie besser verständlich werden (siehe Seite 78). Wie ich das Warten etabliere? Ich spreche mit den Hunden: „Ich möchte das jetzt nicht!" Der eine oder andere wird mit einem liebevollen Stupser zurück in die Aufmerksamkeit geholt: „Hallo, warten!" Ich halte die Hunde im Gespräch, bereite sie auf weitere gemeinsame Aktionen vor. Würde jetzt eine Katze am Waldrand auftauchen, sind die Hunde nicht im stoischen Gehorsam (aus dem ein Hund nur zu gern ausbricht), sondern wir sind miteinander verbunden. Es besteht also kein Grund auszubrechen, wir wollen ja gemeinsam in den Wald.

Wichtig: Einen Hund, den ich im Straßenbereich nur unzureichend kontrollieren kann, leine ich auch am Waldrand nicht ab. Er würde sich im schlechtesten Fall verselbstständigen.

Hunde laufen gern auf Pfaden.

DIE ERLEBNISREISE BEGINNT

Habe ich mich sortiert und die Leinen umgehängt, streiche ich den Hunden seitlich am Kopf vorbei, an den Ohren und vor allem den Lefzen. Jeder Hund bekommt diese kurze, aber innige Aufmerksamkeit. Ich habe feststellen können, dass selbst Hunde, die nicht so gern berührt werden, dafür gern ganz nah herankommen. Auch Hunde untereinander kommunizieren über das Stupsen an die Lefzen, sie zeigen darüber ihre Zuneigung (siehe Seite 27 und 28).
Ich gebe ein energetisch wohldosiertes Handzeichen und wir ziehen los. „Endlich", denkt sich Mia, eine junge Labrador-Hündin, und stürmt in den Wald. „Nein Mia, zurück und in die Gruppe einfädeln, bitte!" Denn es wird nicht einfach so losgerannt. Mia setzt die Aufforderung gleich um. Sie macht das erste Mal Urlaub bei uns, wie ein Schwamm saugt sie die neuen Erlebnisse auf und bringt sich begeistert mit ein. Aufgefädelt wie eine Kindergartengruppe geht es jetzt los, den Pfad entlang in den Wald hinein.

FREILAUF ALS GEMEINSAME AKTION

Erinnere ich mich an meine Kindheit, war ein Ausflug in den Wald mit den Eltern ein wunderbares gemeinschaftliches Erlebnis. Ich fühlte mich aufgehoben, wenn ich an der Hand meiner Eltern durch den Wald geführt wurde. Unsere Hunde empfinden die gleiche Freude. Das Wichtigste ist dabei nicht der Freilauf um jeden Preis, sondern die gemeinsame Aktion. Über Lautaustausch (Stimme), Körpersprache und Augen bleiben wir mit unserem Hund in Kontakt. Mit und ohne Leine sind wir so miteinander verbunden. Verlieren wir aber unsere Verbindung mit dem Hund, sei es, dass er unbeaufsichtigt in den Wald läuft, oder man sich am Mobiltelefon ins Gespräch vertieft, dann ist jeder für sich allein, und es gibt weder Gruppe noch Team.

An dieser Stelle möchte ich zu einer kleinen Geschichte ausholen. Galgo Español Cuba bleibt nicht gern allein. Er leidet an Verlustängsten, vor allem, wenn sein Herrchen das Haus verlässt. Auf einem gemeinsamen Walk lernten wir uns kennen, denn Cuba sollte in meinen Hort aufgenommen werden. Als wir den Straßenbereich hinter uns gelassen hatten, wurde auch Cuba abgeleint. Er tat von nun an, was er wollte. Auf sich gestellt, blieb er aber in Sichtweite. Als Cuba jedoch auf den Golfplatz lief, bat ich den Halter, ihn davon abzuhalten. Cuba müsse nicht herankommen, nur bitte unbedingt den Golfplatz verlassen. Dieser ist weder Hundespielplatz noch Hundefreilauffläche. Cuba folgte der Aufforderung und verließ das Golfgelände, um jedoch gleich blitzschnell erneut auf den Platz zu sprinten. Es folgte eine zweite Aufforderung und so ging es ein paar Mal hin und her. Tolles Spiel! Cuba hatte etwas entdeckt, bei der er sich der vollen Aufmerksamkeit seines Halters sicher war. Ich bat jetzt eindringlich darum, Cuba anzuleinen. Angeleint aber hätte er doch gar keinen Spaß, befürchtete sein Besitzer. Ich erklärte ihm, dass es für Cuba weit schlimmer sei, auf sich gestellt zu sein und nicht beachtet zu werden. Es ist keine Strafe ein Stück an der Leine zu laufen, und gerade für Cuba das größte Glück, an die Hand genommen zu werden.

RAUMVORGABEN

Bei freilaufenden Hunden arbeite ich mit Raumvorgaben, beziehungsweise -begrenzungen. In Cubas Fall (siehe oben), ist die eine Raumgrenze der Übertritt zum Golfplatz, die andere der in den Wald. Ich stecke die Räume über Stimmsignale ab: „Zu weit!“, „*Nicht* auf den Golfplatz!“ oder „*Nicht* ins Gebüsch!“. Diese Signale wiederhole ich konsequent, wenn der Hund sich in den jeweiligen Randbereich begibt. Wenn der Hund mit mir im Dialog ist, seine Ohren immer wieder in meine Richtung kippen, er den Kopf zu mir dreht und Augenkontakt sucht, funktioniert das einwandfrei und wird in reizarmer Umgebung schnell von ihm umgesetzt. Bei der Raumbegrenzung ist eine aktiv geführte Schleppleine eine sinnvolle Hilfe. Alles, was ich an der Leine nicht erreiche, sollte ich ohne nicht ausprobieren.

Der Mensch ist wichtig für den Hund.

Das können wir uns zunutze machen.

Macano hält die vorgegebenen Räume zuverlässig ein. Er stellt das Wohl der Gruppe vor seine eigenen Belange.

GEHORSAM ODER AKZEPTANZ

Lichte Stellen direkt am Wegrand laden zum Spielen ein. Als wir bei einem Walk auf so einem „Wald-Spielplatz" ankamen, lief die junge Flat-coated-Hündin Feli ins Unterholz. Die Gruppe und ich waren auf einmal zweitrangig. „Zurück Feli!" Die Vorgabe war, sich nur im lichten Bereich aufzuhalten. Im Gebüsch verstecken sich die Waldtiere und sie dürfen nicht aufgeschreckt werden. Meine Ermahnung, in unserem Raum zu bleiben, stieß bei Feli aber auf Unverständnis, zu stark war ihr Drang zu stöbern. Auf meinen anschließenden Rückruf folgte sie allerdings gehorsam. Auf der Hälfte des Rückwegs stoppte sie nichtsdestotrotz ab und drehte wieder in Richtung Gebüsch. Auf meine erneute Bitte ganz heranzukommen, reagierte sie artig und ging sogar ins Sitz. Bei der von ihr angebotenen Aktion, dem Sitz, wendete sie sich jedoch von mir ab und schaute wieder in Richtung Unterholz. Auf meine „Freigabe" hin, lief sie folglich, ohne zu zögern direkt zu der von ihr fixierten Stelle im Gehölz. Feli und ich waren in der Korrektursituation nicht im Dialog gewesen. Sie ließ mich zwar „erzählen", befolgte auch ordentlich alle Aufforderungen, akzeptierte diese aber nicht.
Diesmal wurde meine Aufforderung verbal dringlicher. Abermals reagierte Feli zunächst gehorsam, blieb allerdings wieder zögerlich auf eine Armlänge Abstand. Ich ging in die Hocke (Körper), nahm Augenkontakt auf und bestätigte ihr Herankommen über ein warmes verbales Lob (Stimme). Jetzt kam Feli ganz dicht heran. Das Vorsitzen ließen wir weg, ich wollte keine Unterordnung, sondern eine Akzeptanz der Korrektur. Feli hatte verstanden und zum Beweis leckte sie mir über die Wange. Jetzt hatten wir als Team miteinander gesprochen. Feli hatte verstanden, dass ich mich mit ihr austauschen wollte. Sie hatte einen Sinn darin gesehen, mit mir zu kommunizieren. Bei weiteren anschließenden Raumvorgaben wurde mein Einwurf: „Zu weit!" diskussionslos angenommen.
Dieses Beispiel soll als Erklärung dafür dienen, dass Akzeptanz entscheidender ist, als stoischer Gehorsam. Als passionierter Jagdhund muss Feli verstehen, warum sie nicht stöbern soll, schließlich kann sie das gut. Sie soll sich gegen ihr Naturell, für ihren Leitmenschen entscheiden. Der wichtigste Sozialpartner für den Hund ist der Mensch. Das können wir uns zunutze machen: Hunde brauchen die Jagd nicht existenziell, sie brauchen aber ihren Menschen. Konsequente Regeln helfen, eine vom Hund akzeptierte Führung aufzubauen. Dafür ist keine Unterordnung nötig, sondern der Dialog mit unserem Partner Hund (siehe Seite 12). Hat der Hund verstanden, eigene Belange hinter die der Gruppe zu stellen, kann man ihm mehr Spielraum zugestehen. Der Hund kann dann Vorschläge im Sinne der Gruppe machen, das heißt er, kann sich kreativer in gemeinsame Aktivitäten einbringen.

Buddeln ist eine Jagdsequenz. Es ist nur unter Vorbehalt am Wegrand erlaubt. Ein Abbruch muss jederzeit möglich sein.

ANDERE RASSEN – ANDERE REIZE

Unterwegs tausche ich die Hunde, die an der Leine laufen aus, denn im Wald gibt es unterschiedliche Reize. Für den Border Collie Charlie können das Jogger und Fahrradfahrer sein, für die sich Labrador Henry wiederum gar nicht interessiert. Der ist aber gedanklich schon in das nahe Wasserloch eingetaucht. Malinois Malthus möchte dem links auf dem Reitweg galoppierenden Pferd hinterher, das lässt wiederum die alte Barsoi-Hündin Sophie kalt, die schnurstracks auf die Picknicker zuläuft. „Tolle Idee", meint Labi Henry, denkt nicht mehr ans Wasser und ist bereits vor Sophie auf der Picknickdecke, um die Essenssituation als Erster zu seinen Gunsten zu entscheiden. Das lassen sich die beiden Terrier nicht zweimal sagen, und schon hat man eine nicht mehr steuerbare Dynamik in der Gruppe.

Reize bilden Auslöser für impulsive Handlungen. Hierfür muss ich meinen Hund lesen können: Wann ist er bereit, meine Raumvorgaben zu überschreiten und sich aus der Gruppe zu lösen. Eine gute Mensch-Hund-Bindung hat nichts damit zu tun, dass ich meinen Hund überall frei laufen lasse, sondern, dass ich meinen Hund kenne und weiß, wann ich ihn besser anleinen sollte. Nicht nur, wenn sich einer der Hunde distanzlos anderen Waldbesuchern gegenüber verhält, auch wenn er sich ängstigt, nehme ich ihn an die Leine oder stelle mich schützend vor ihn – ich schütze oder begrenze seinen beziehungsweise unseren Raum.

DAS UNSICHTBARE BAND

Ich werde unterwegs oft angesprochen, warum die Hunde mir so folgen, obwohl ich gar nicht alle angeleint habe. Ich erkläre dann, dass die Hunde sehr wohl angeleint sind, nur können Außenstehende diese Leine nicht sehen. Es ist ein unsichtbares Band, das uns verbindet. Es ist nicht mein Ziel, mich leinenlos durch die Natur zu bewegen. Ich konzentriere mich mehr darauf, eine Gruppe zu bilden und ein Team-Gefühl („Wir-Gefühl") beim Hund und auch bei meinen Tour-Begleitern zu wecken. Gemeinsam entdecken wir auf unserem Walk den abwechslungsreichen Wald. Es ist wie bei einer Bergwanderung: Hier übernimmt der erfahrene Bergsteiger die Führung, auf schmalen, unübersichtlichen Wegabschnitten läuft man fein aufgefädelt hintereinander, auf schwierigen Strecken oder bei Unsicherheiten seilt man sich am Bergführer an, auf offeneren Wegstrecken kann man Tannenzapfen und Stöcke sammeln, vom einen zum anderen laufen und sich etwas erzählen. Aber auf jedem Tour-Abschnitt hält der Bergführer die Gruppe durch ein unsichtbares Band zusammen.

GEFAHREN UND PROBLEME VERMEIDEN

- **Wild** – Frei laufende Hunde, die sich nicht im Kontrollbereich ihres Halters aufhalten, laufen Gefahr, zu wildern. Sie stöbern Wild auf, verletzen, reißen oder töten es. Ich habe schon Hundebesitzer getroffen, die zwar die Leine in der Hand hielten, deren Hund aber nirgends zu sehen, jedoch per Hetzlaut zu hören war. Mein Frage, ob das denn sein müsse, wurde mit: „Es ist doch nur ein kleiner Hund, er rennt eben so gern!“, beantwortet. Für das Wild aber bedeutet dieser Moment Todesangst. Auch wenn es dem Hund nicht zum Opfer fällt, reicht schon eine kleine Verletzung aus, dass sich Maden in die Wunde setzen und das Tier später jämmerlich verendet.
  Eine wichtige Regel im Wald ist daher: Hunde müssen auf den Wegen immer in Sichtweite und kontrollierbar bleiben. Gerade während der Brut- und Setzzeiten hocken Jungtiere oft klein geduckt im Gebüsch neben dem Wegrand. Im Zweifel sollte der Hund eine kleine Wegstrecke an die Hand genommen werden. Erlebt der Hund einmal den Jagdrausch, ist es schwer, dagegen anzukommen, und es läuft darauf hinaus, dass er dann nur noch angeleint geführt werden kann.
- **Erdbauten** – Im Wald trifft man manchmal auf große, meist von Füchsen oder Dachsen gebuddelte Erdlöcher. Der Fuchs ist nach dem Wolf und dem Luchs das größte Raubtier und in unseren Wäldern am weitesten verbreitet. Die unterirdischen, aus mehreren Stockwerken und verzweigten Gangsystemen bestehenden, kunstvoll erbauten Erdhäuser dienen den Tieren als Schlafstätten und als Vorratskammern. Hier ziehen sie ihren Nachwuchs auf. Die Bauten bieten den scheuen Waldtieren Schutz und ein gutes Versteck vor Feinden. Das ist wichtig, denn Fuchs- und Dachswelpen sind Nesthocker, das heißt, bei der Geburt sind sie blind und völlig hilflos. Das sollten wir immer bedenken, wenn sich unser Hund auf den Weg durch die großzügig angelegten, unterirdischen Gänge macht. Der Hund muss unbedingt daran gehindert und die Ruhe des Wildtieres muss geschützt werden. Ganz abgesehen davon ist es für Hunde gefährlich, in die Bauten zu laufen. Auch von Wildtieren bereits verlassene Bauten sind eine Gefahr für Hunde. Die Gänge könnten enger zulaufen und der Hund steckt plötzlich im Gang fest. Oder aber der Hund buddelt unterirdisch weiter und das Erdreich stürzt über ihm zusammen.

Spitze Äste sind gefährlich, wenn Hunde (im Trieb) ihre Umgebung ausblenden.

Je schneller ich agiere, desto weniger verselbstständigt sich Cuba.

- **Jäger** – Gemäß dem Landesjagdgesetz ist „das unbeaufsichtigte Laufenlassen von Hunden und Katzen eine Ordnungswidrigkeit. Jagdschutzberechtigte dürfen solche Hundehalter anhalten, deren Personalien feststellen und sie anzeigen." Ein hohes Bußgeld sowie lebenslange Maulkorb- und Leinenpflicht kann die Folge sein. (Quelle: Landesjagdverband für Jäger NRW e. V.) Jäger sind sogar befugt, den wildernden Hund zu erschießen, auch wenn es sich dabei um den sonst so harmlosen Familienhund handelt. Es wird sicher nicht sofort geschossen. Aber man sollte das wissen und im Zweifel den Hund an der Leine sicher halten, damit er gar nicht erst unkontrolliert jagen geht.
- **Sturm, Gewitter** – Bei starkem Sturm sollte man den Wald meiden. Die Gefahr von herunterstürzenden toten Ästen oder umstürzenden Bäumen ist je nach Windstärke zu groß. Bei Gewitter besteht zusätzlich die Gefahr des Blitzeinschlags. Man sollte sich ca. 100 Meter von hohen Bäumen entfernt aufhalten. Bei plötzlich einsetzenden starken Regenfällen leine ich grundsätzlich die gesamte Gruppe an. Einige Hunde haben große Angst vor dem polternden Donnergrollen, andere möchten so schnell wie möglich vor dem Regen flüchten und nach Hause. Idealerweise findet man Zuflucht in einem trockenen und windgeschützten Unterschlupf.
- **Äste** – Im Wald liegt allerlei Gehölz, tote Äste und Wurzeln staken stumpf oder auch spitz aus der Erde. Wenn unsere Hunde unkontrolliert einem Reiz (zum Beispiel Wild) hinterhersetzen, nehmen sie ihre Umgebung nicht mehr wahr und rennen durch Dornen und im ungünstigsten Falle eben in diese Äste und Wurzelstöcke hinein. Diese bohren sich durch die Geschwindigkeit tief in den Hundekörper. (Sollte Ihnen so etwas passieren, ziehen Sie den Stock bitte nie heraus, sondern transportieren den Hund mit feststeckendem Stock zur Klinik.)
- **Kinder** – Kinder gehen gern in den Wald. Sie sammeln unter anderem Stöcke und nicht selten haben sie etwas zum Essen in der Hand. Sie rennen, laufen, hüpfen und kreischen. Trotz der verführerischen und vielfältigen Reize: Hunde müssen auf Abstand zu Kindern gehalten werden. Meine Tochter arbeitet als Kindergärtnerin und organisiert regelmäßig Waldausflüge. Immer wieder lassen dabei Hundebesitzer ihre Hunde zwischen die Kinder laufen. Die Hunde sind zwar „lieb", aber eigentlich sind sie distanzlos und unhöflich. Nicht jedes Kind reagiert dabei hundesicher, für manche ist es ein echter Schock. Kinder müssen davor vorausschauend geschützt werden.
- **Wanderer, Walker, Jogger, Radfahrer** – Erholungssuchende Sportler wollen im Wald die Natur genießen und dabei nicht von Hunden belästigt werden. Das sollte man als Hundehalter im höflichen Miteinander respektieren. Weimaranerin Thea tut zweifelsohne niemandem etwas. Aber sie macht sich einen Spaß daraus, an Joggern hochzuspringen. „Die will nur spielen!", mir ist das klar, aber der Betroffene bekommt einen großen Schreck. Das verhindere ich, indem ich Thea vorausschauend bei Jogger-Begegnungen an die Leine nehme. Andere Hunde jagen Fahrräder, auch das kann zu gefährlichen Situationen für Mensch und Hund führen. Ist man mit einem Hund unterwegs, muss man Rücksicht auf die anderen Erholungssuchenden nehmen. Natürlich erwarte ich das umgekehrt genauso.
- **Pferde** – Ein galoppierendes oder trabendes Pferd lässt manche Hunde kalt. Andere stürmen unkontrolliert auf die Pferde zu, stellen oder verbellen diese und beißen im schlimmsten Fall sogar in die Beine. Einige Pferde sind Hunde gewöhnt und bleiben gelassen. Pferde sind jedoch genetisch bedingt Fluchttiere. Sie geraten schnell in Panik. Im schlimmsten Fall endet die Hund-Pferd-Begegnung mit einem Unfall. Bei Pferdesichtung leine ich folglich zuerst die Hunde an, die problematisch reagieren könnten.
- **Essensreste und Kot** – Leider lassen doch einige Waldbesucher ihren Müll an Waldbänken liegen, statt ihn in den danebenstehenden Papierkorb zu entsorgen. Für unsere Vierbeiner ist dies ein gefundenes Fressen. Sehr eklig ist es, wenn Hunde Plätze aufspüren, an denen

Der Wald ist wie eine Wundertüte für unsere Hunde.

Menschen versteckt ihre Notdurft verrichtet haben. Manche Hunde wälzen sich auch gern darin. Hier hilft es, den Hund auf den Wegen zu halten und nicht im Gebüsch nach Essensresten oder Kot suchen lassen. Zusätzlich sollte man üben, den Hund von „Futter" fernzuhalten. Ich weiß, dies ist nicht nur beim Labrador ein ambitionierteres Unterfangen (siehe „Üben im Nahbereich", Seite 13 ff.).

— **Entgegenkommende Hunde** – Wege oder schmale Waldpfade eignen sich nicht als Hundespielplätze. Auch Hundefreundschaften lassen sich besser auf freien Flächen knüpfen. Ich halte meine Hundegruppe auf Waldwegen geschlossen um mich herum. Wir machen entgegenkommenden Hunden rücksichtsvoll und höflich Platz. Nicht jeder Hund möchte belästigt werden. Wir halten uns daran.

An Kanten und Abhängen: stoppen und warten.

Die große Sause: abwärts auf der Blätterrutsche.

Taya baut ganz unagressiv Aggressionen ab.

— **Gemeinsam am Hang** – Kommen wir auf unseren Touren an steilere Passagen, heißt es an Kanten und Abhängen: stoppen und warten. Über das „Stopp" nehme ich überschüssige Energie aus der Situation. Bevor es bergab weitergeht, habe ich so die Möglichkeit, den Grad der Steigung und auch eventuelle Gefahren, wie zum Beispiel spitzes Astwerk oder lose Wurzeln, zu überprüfen,. Das trainiert das „Stopp" gleichermaßen wie das „Warten" und festigt ganz nebenbei meine Führung. Eine besonders abschüssige Kante wird zur gemeinsamen Aktion, indem man sich während der Hund wartet, einen festen Stand sucht, um ihm anschließend sicher hinunterzuhelfen. Geht es berghoch, kann umgekehrt der Hund den Hundehalter unterstützen und ihn den Hang hinaufziehen. Die bewältigten Aufgaben schaffen Nähe und Vertrauen.

— **Spaß mit Laub** – Im Herbst sind die Hänge voller Laub. Das Hinunterrutschen im Laub ist immer ein willkommener Spaß. Gemeinsam macht das doppelt Freude. Kaum unten angekommen, entwickelt sich daraus die beim Hund so beliebte „Laub-Schlacht".

— **Sachen finden, sammeln, sichern, nagen** – Hunde machen gern Beute. Wie wir Menschen sind auch sie immer noch Jäger und

DIE BEDEUTUNG VON FREIEN FLÄCHEN FÜR DEN HUND

Wiesen und Rasenflächen laden dazu ein, Pausen zu machen, faul in der Sonne zu liegen, gemütlich Gras zu zupfen oder sich behäbig zu wälzen. Großzügige Flächen bieten außerdem die Möglichkeit, zu rennen und dabei richtig Geschwindigkeit aufzunehmen.

Auf offenen Wiesenflächen städtischer Naherholungsgebiete ist Freilauf meist gestattet, in Düsseldorf sind dies beispielsweise die Rheinwiesen. Oft handelt es sich hierbei um landwirtschaftliche und für die Heuernte genutzte Flächen. Auf die Heuernte sollte deshalb Rücksicht genommen werden, genauso wie auf die Schafe, die der Landschaftspflege dienen und oft auch ohne Einzäunung grasen.

»Freiheit ist nicht gleich Glück. Hat der Hund nicht gelernt, mit ihr umzugehen, kann sie schnell zur Bürde werden und zu Stress bei allen Beteiligten führen.«

Ursula Löckenhoff

GRASEN

„Dem Gras beim Wachsen zusehen" ist eine bekannte Redensart. Wussten Sie schon, dass Sonnenschein beziehungsweise helles Tageslicht eine beruhigende Wirkung auf die Psyche hat? Der Cortisolspiegel (Stress) sinkt und die Bildung des Stimmungsaufhellers Testosteron wird angeregt. Auf den Wiesen können wir die Sonne genießen. Und während die einen sich im Gras sonnen, räkeln und wälzen, grasen die anderen und zupfen sich die aromatischsten Halme heraus. Den Hunden schmecken die Wiesenhalme nicht nur gut, sie sind auch nährstoff- und rohfaserreich und sorgen damit für eine gesunde Darmtätigkeit. Instinktiv suchen sie das für sie richtige Grün aus dem großen Angebot heraus. Mein Senior, Whippet Bruno, zupft sich beispielsweise gern Beinwell ab und Mischlingshündin Bambi knabbert am liebsten an Brennnesselblättern. Viele Pflanzen sind auch für uns Menschen aromatisch und wohlschmeckend und können zusätzlich heilend wirken (siehe Seite 154).

Auf weiten Flächen kommen Hunde richtig gut in Fahrt.

Macano sucht sich das Passende heraus. Er frisst noch lange nicht jedes Kraut.

Es ist allgemein bekannt, dass Hunde bei Übelkeit und Magenproblemen vermehrt Gras fressen. Das aufgenommene Gras hilft ihnen, sich zu übergeben, anschließend fühlen sie sich besser. Haben Hunde einen Fremdkörper verschluckt, wickelt sich das Gras darum, gleitet im Idealfall so eingepackt besser durch den Darm und kann rektal wieder ausgeschieden werden. Aber Gras kann noch viel mehr. Es enthält wasserlösliche Kohlenhydrate und ist damit für Hunde eine schnell verfügbare Energiequelle. Während der Photosynthese entsteht der Mehrfachzucker Fruktan, ein sogenanntes Polysaccharid, das die Energie für das Pflanzenwachstum gewährleistet. Wächst die Pflanze nur wenig, hat aber aufgrund eines sonnigen Tages eine hohe Photosyntheserate, speichert sie die überschüssige Energie in Form von Fruktan und Stärke. Der Blutzuckerspiegel des Hundes steigt wieder an und dadurch verbessert sich auch die Konzentrationsfähigkeit. Das gleichmäßige Kauen wirkt zusätzlich beruhigend. Instinktiv bauen Hunde über das Grasfressen Stress ab. Die Bewegung des Kiefers sowie der Zuckeranteil der Pflanzen sorgen zugleich für eine Extraportion Endorphine (Glückshormone). Und nicht zu vergessen, Gras bietet einen hohen Wasseranteil. Nicht nur im Sommer, sondern immer dann, wenn man keine Wasserstelle findet, löscht die Aufnahme von Gras den ersten Durst.

DER DUFT VON FREIHEIT UND ABENTEUER

Große, weite Wiesen – nicht nur uns, auch die Hunde ergreift beim Anblick solcher Freiräume ein wunderbares Gefühl, der Duft von Freiheit und Abenteuer. Wie „mobilisierend" eine schöne, große Wiese ist, zeigte mir meine alte Windhündin Zara. Sie trottete scheinbar völlig erschöpft an der Leine hinter mir her. Es war recht warm und die Hündin signalisierte mir durch häufiges Anhalten und Durchschnaufen, dass sie auf jeden Fall viel zu alt sei, um bei den vorsommerlichen Temperaturen das Tempo von mir vorgegeben zu bekommen. Als gut erzogenes Frauchen, habe ich

Wälzen, faulenzen und die Seele baumeln lassen.

Mensch und Hund empfinden gleich: Beide kommen beim Laufen in Hochstimmung.

also die Hundeomi von „meiner Hand" gelöst, damit sie ihren eigenen Trott finden konnte. Mit einem Mal erspähte ich einen sich schnell und recht dynamisch bewegenden Windhund am Horizont. Kein Zweifel, ein Blick zurück, ein Blick zum Horizont: „Ja doch, es ist Zara!" Von mir unbemerkt, hatte sich die alte Dame leise wie eine Katze davongeschlichen. Die Weite hatte sie gelockt. Alter und Arthrose waren vergessen, Schwerhörigkeit hatte jetzt Priorität. Mein Rückruf verflüchtigte sich auf der weiten Wiese und erst mein lautstarkes Fluchen, ihr das Herzmedikament zu streichen, veranlasste sie zur Rückkehr. Ob nun der Ausflug für ihren Geschmack lang genug gedauert hatte oder ob sie meine Worte inhaltlich verstanden hatte, bleibt ihr Geheimnis. Sie registrierte aber sicher meine emotional veränderte Stimme sehr genau. Ihr war bewusst, dass ich bereits richtig sauer war, wenn ich das Herzmedikament mit ins Spiel brachte. Hunde haben feine Antennen für unsere Stimmungen und das wird sie zur Einsicht und Umkehr bewegt haben.

RUNNER'S HIGH

Auch wenn ich Zaras selbstständigen Ausflug nicht gutheiße, konnte ich ihr beim Laufen empfundenes Hochgefühl sehr gut nachfühlen. Die Freude am Laufen haben wir mit Hunden gemeinsam. Das belegen Studien der Wissenschaftler um David Raichlen. Seiner Theorie nach wurde durch natürliche Auslese während der Evolution sichergestellt, dass bei Menschen und Hunden genau die neurobiologischen Mechanismen gefördert wurden, die lebensnotwendige Aktivität, beispielsweise das Laufen, körpereigen belohnen („Runner's High"). Laut Raichlen waren die Menschen damals durchtrainierte Athleten: „Sie rannten zum Essen hin und vor ihren Fressfeinden wieder weg." Die Wissenschaftler haben bei der Studie Menschen und Hunde mit den eher lauffaulen Frettchen verglichen. Dabei befanden sich in den nach dem Laufen entnommenen Blutproben von Mensch und Hund große Mengen an Endocannabinoiden. Diese sind verantwortlich für die Ausschüttung

von Dopamin, einem natürlichen Stimmungsaufheller, der den Körper mit rauschartigen Glücksgefühlen belohnt (siehe „Wald, Jagdrausch", Seite 123). Bei den Frettchen hingegen waren keine entsprechenden Stoffe nachweisbar: „Ihnen macht der Dauerlauf also auch keinen Spaß", so Raichlen.

Logisch also, dass wir Freude daran haben, unsere Hunde über die Wiesen flitzen zu sehen. Laufen wir gemeinsam, teilen wir das Glücksgefühl mit unserem Hund, und das fühlt sich doppelt so gut an. Solange der Hund körperlich fit ist, ist gemeinsames Joggen eine zwar unspektakuläre, aber doch ganz wunderbare Form der Auslastung und zeitgleich eine gelungene Förderung des Mensch-Hund-Teams, natürlich nur, wenn der Hund seine Bezugsperson wirklich begleitet, das heißt, neben ihr trabt. Das schließt aber nicht aus, dass man aus dem gleichmäßigen Jogginglauf auch einmal einen Wettlauf initiieren kann. Für den Hund ist es eine große Freude, zu zeigen, dass er eigentlich schneller läuft als wir Zweibeiner.

VORFREUDE IST DIE SCHÖNSTE FREUDE

Kommen wir bei unserem DogWalk auf eine große, offene Wiese, tippelt mancher Hund bereits ungeduldig und in freudiger Erwartung neben mir her. Sie freuen sich alle auf den nun bevorstehenden Abschnitt des Walks. Einige können es einfach nicht abwarten und machen einen Frühstart: „Ab, wieder hinten anschließen und einreihen." Ich muss erst schauen und mir ein Bild machen, ob die Wiese frei ist. Bis dahin übt sich die Gruppe in Geduld. Bereits in der Vorfreude auf diese für die Hunde so ersehnte Aktion, werden sie mit Dopamin versorgt und damit körpereigen selbstbelohnt. Leckerchen und Spielzeug sind für das Glücksgefühl gar nicht nötig. Im Gegenteil, verwendet man Dummy und Co nicht zielgerichtet, fährt mancher Hund energetisch so hoch, dass genau das Gegenteil eintritt: Der Hund kann das Glücksgefühl, und auch seinen Leitmenschen, nicht mehr wahrnehmen, sondern reduziert und fixiert sich nur noch darauf. Das macht den Leitmenschen austauschbar, und je mehr man den Ball wirft, desto mehr giert der Hund danach, und je mehr Leckerchen man reicht, desto geringer wird die Bereitschaft, etwas ohne Belohnung zu tun. Der Hund braucht immer mehr „Input".
Er wird unkooperativ, hat man entsprechendes „Zubehör" nicht parat. Er verliert die Eigenschaft, sich zu reduzieren, und kann sich nicht mehr über körpereigene Regulationsmechanismen glücklich machen. Dummy und Co sind regelrechte Killer der Mensch-Hund-Beziehung, wenn sie nicht individuell passend eingesetzt werden.
Auf unseren Touren begegneten wir dem Boxer Toni, der anfangs ein echter Balljunkie war. Sobald man etwas aus der Tasche zog, egal ob Ball, Handy oder Apfel, war er nicht mehr zu halten. Distanzlos forderte er das „Spiel". Und sobald andere Hundehalter mit einem Ball auftauchten, verlor die Halterin die Kontrolle über Toni. Das war nicht ungefährlich, denn wenn Toni den Ball holte, kannte er dabei weder Freund noch Feind. Der Verzicht auf Wurfspiele und ein Begrenzen über die Leine haben dem „Toni-Team" die nötige Gelassenheit gebracht.

SELBSTKONTROLLE UND GEDULD

Hunde, die ihre Ungeduld auf freien Flächen nur schwer zügeln können, leine ich vorausschauend an. Sie würden, noch während ich die Wiese auf Gefahren überprüfe, an mir vorbeisausen und die Party eröffnen. Man muss damit rechnen, dass sich der sonst so „artige" Hund von dem weniger folgsamen mitreißen lässt.

Vor dem Freilauf können noch kleine Übungen absolviert werden, das schult die Geduld und man bleibt mit seinem Hund im Gespräch. Der anschließende Freilauf ist die Bestätigung für erfolgreich gemeisterte Übungen, aber auch er muss eine gemeinsame Aktion bleiben. Wenn es mir nicht gelingt, den Hund trotz der Reize, die die freie Sicht weiter Wiesen mit sich bringt, in meinem Raum zu halten, gelingt mir das auf größerer Distanz erst Recht nicht und ein Abbruch unerwünschter Aktivitäten ist dann kaum möglich. In diesem Fall sollte man den Hund besser angeleint lassen und weiter üben.

Malinois Malthus beispielsweise, wurde immer als letzter Hund der Gruppe von der Leine gelöst. Nicht um ihn zu bestrafen, sondern damit er das Mensch-Hund Team nicht aus dem Auge verlor. Zusätzlich sollte er sich selbst korrigieren, um nicht immer Erster sein zu müssen. Malthus liebt es mit den anderen zu laufen, aber er arbeitet auch gern mit seiner Bezugsperson. Das habe ich vor dem Freilauf genutzt, um ein paar Gehorsamsübungen zu trainieren. Laufen, stoppen, sitzen, um mich herumgehen, links, rechts. Malthus war dann ganz bei mir und mit dieser Gewissheit konnte auch er ins „Go" (siehe Seite 140).

01

02

03

01 Eine Übung gerade für ungeduldige Hunde ist, nicht spontan auf die weite Wiesenfläche zu laufen, sondern das Startzeichen abzuwarten. „Frühstarter" werden aufgefordert sich wieder einzureihen.

02 Die Hunde laufen im kleinen Raum der Führperson. Das gibt die Möglichkeit, die Wiese vor der Freigabe auf Gefahren zu überprüfen. Bereits die Vorfreude auf den Lauf führt zu einer Ausschüttung von Glückshormonen. Geduld ist folglich selbstbelohnend.

03 Hunde, die ihre Ungeduld nicht zügeln können, werden vorausschauend angeleint. Nicht um sie zu bestrafen, sondern um ihnen Stress und Aufregung zu nehmen.

EINGEZÄUNTE FREILAUF-FLÄCHEN

Eingezäunte Wiesen bieten nicht ableinbaren Hunden die Möglichkeit zum Freilauf. Dabei sollten auf diesen Auslaufflächen die Regeln für ein soziales Miteinander nicht ausgehebelt werden.

Innerstädtisch bieten Parkanlagen, Volks- und Stadtparks, schöne, weite Rasenflächen. Hier dürfen die Hunde jedoch erfahrungsgemäß nur angeleint geführt werden. Großflächige Gebiete wie National-, Landschafts- und Regionalparks haben einen hohen Schutzgrad, und so müssen auch hier die Hunde an der Leine bleiben.

Städte und Gemeinden bieten mit eingezäunten Hundefreiläufen spezielle Flächen, nur für Hunde und ihre Halter. Diese sind allerdings auch oft sehr klein und meist sehr niedrig eingezäunt. Aber über das Internet finden sich zusätzlich immer mehr private Anbieter, zum Beispiel Hundeschulen, Hundehotels oder Tierschutzvereine, die ihre eingezäunten Freiläufe zur Verfügung stellen. Die Ausläufe bieten Platz und Raum, um soziale Kontakte knüpfen zu können, ohne beispielsweise auf Jogger oder Pferde achten zu müssen. Frei von Gefahren, wie Straßenverkehr und Stacheldrahtzäunen, kann der Hund hier toben, rennen, schnuppern und neue Bekanntschaften machen.
Vor dem Besuch eines Auslaufgeländes sollte allerdings bedacht werden, dass viele Hunde auch entsprechend viele Interaktionen mit sich bringen. Sowohl zwischen den Hunden selbst als auch zwischen deren Haltern. Eine Begegnung mit vielen Hunden will aber geübt sein. Nicht jeder Hund erträgt es, wenn eine Horde Hunde auf ihn zuläuft. Bevor man ein Auslaufgelände betritt, muss man also wissen, wie man seinen Hund bei Auseinandersetzungen schützt. Ergreift der Hund die Flucht, anstatt sich Schutz suchend an seinen Menschen zu wenden, muss er über die Leine gesichert beziehungsweise „an die Hand genommen" werden (siehe Seite 138). Es findet sonst eine wilde Hatz auf den verängstigten Hund statt, die nachhaltig Ängste aufbaut.
Nach dem Motto „Wie der Herr so's Gescherr!" sollten die Hundehalter in puncto sozialer Kompetenz ihren Hunden ein Vorbild sein und Streitigkeiten aus dem Weg gehen. Entscheidend ist, dass der Halter trotz des Freiraums, den der Auslauf bietet, seinen Hund jederzeit von seinem Tun abbrechen und, wenn nötig, auch begrenzen kann, beispielsweise wenn er einem verängstigten Hund hinterhetzt. Ob der eigene Hund sozial verträglich ist, muss im Vorfeld getestet werden. Das Auslaufgelände eignet sich dafür nicht.
Unsere Hunde registrieren, dass wir sie im Auge behalten. Dem einen Hund gibt dies Schutz und Sicherheit, der andere wird so daran gehindert, über die Stränge zu schlagen. Auch bei intensiven

Spielzeuge können Beuteaggression provozieren.

Kleine Hunde sollten sich im Schutz ihres Menschen aufhalten.

Gesprächen mit gleichgesinnten Hundehaltern sollten unsere Schützlinge immer als Hauptakteure in unserem Fokus bleiben.
Ich nutze die Ausläufe gern, um mit meinen neu angekommenen Pflegehunden bereits Erlerntes zu festigen. Indem ich den Hund in den Freilauf lasse, weiß er, dass ich ihm vertraue. Der Wechsel zwischen „Geben und Nehmen" ist wichtig für den Vertrauensaufbau. Während ich dem Hund einerseits Freiraum biete, begrenze ich ihn andererseits durch Raumvorgaben: „Zu weit", „Nach links" oder „Zurück". Der Hund bekommt die Möglichkeit, selbst zu entscheiden, ob er mit seiner Bezugsperson kooperiert. Habe ich Zweifel, ob er weiterhin auf meine körperlichen und stimmlichen Signale achtet, bleibt er konsequent an der Leine. Es kann sonst zur Reizüberflutung kommen. Der Hund ist dann nicht frei und glücklich, sondern allein und überfordert.

WAS IST MOBBING?

Der Begriff „Mobbing" stammt aus dem Englischen. „Mob" bedeutet „Meute", also mehr als einer. Das dazugehörige Verb („to mob") heißt so viel wie, „pöbeln" oder „jemanden angreifen". Finden sich Gruppen zusammen, kann es immer dazu kommen, dass einer aus der Gruppe ausgeschlossen wird. So auch bei Hunden. Mobbing-Opfer leiden oft still. Sie verlieren an Selbstbewusstsein, ziehen sich zurück und meiden die Gruppe. Hunde agieren körperlich, sie versuchen, den Schwächeren in seiner Bewegungsfreiheit einzuschränken. Auch Hunde können ihr Opfer schikanieren, ihm Gewalt androhen und es anschließend sozial isolieren. Besonders in der Mehrhundehaltung muss man drauf achten und Mobbing unterbinden.

REGELN UND TIPPS FÜR EINGEZÄUNTE FREILAUFFLÄCHEN

- Der Hund muss eine gültige Tollwutimpfung besitzen und es muss eine Hundehalterhaftpflicht-Versicherung bestehen.
- Der Hund sollte sich im Sichtfeld des Hundehalters befinden und abrufbar sein.
- Hunde bestimmter Rassen müssen einen Maulkorb tragen (LHundG NRW).
- Hunden mit hartem Fang, die zum Zwicken neigen, sollte ein Maulkorb angelegt werden (siehe Seite 88).
- Niemand sollte belästigt oder gefährdet werden.
- Kinder müssen in der Nähe der Eltern bleiben.
- Lautes, anhaltendes Bellen sollte vermieden und Mobbing (siehe Kasten) muss unterbunden werden.

Wer die Regeln beachtet, hat Spaß beim Freilauf.

Buddellöcher erhöhen das Verletzungsrisiko.

- Verunreinigungen (Hundekot, aber auch Zigaretten, Essensmüll etc.) müssen entfernt werden.
- Keine Flexileinen verwenden!
- Kein Verteilen von Futter – Gefahr von Futterneid und Futterunverträglichkeiten.
- Kein Hundespielzeug – Gefahr von Beuteneid.
- Die Hunde dürfen nicht buddeln, sonst besteht Verletzungsgefahr für Hund und Mensch. Buddellöcher müssen geschlossen werden.
- Türen des Geländes geschlossen halten.
- Kleine, unsichere und ängstliche Hunde sind mit dem Freiraum überfordert, ebenso Welpen.
- Vor dem Ableinen muss bereits eine Bindung zwischen Hund und Halter bestehen, ansonsten hat man auf großen Freilaufflächen keine Möglichkeit, den Hund einzufangen.

Trifft man auf andere Hunde, bilden sich Gruppen. Das „Spiel" sollte nie dahingehend kippen, dass ein Hund zum Opfer wird, verunsichert und verängstigt den Rückzug antreten möchte und dieser durch andere Hunde verhindert wird. Aus angedrohter, kann schnell ausgeübte Gewalt werden. Hunde sind Raubtiere. Auch der Hund, der laut Halter nur spielen will. Neigt der eigene Hund zur Unsicherheit, muss er wissen, dass er sich vertrauensvoll an seinen Menschen wenden kann und dort unbedingt Schutz und Hilfe zu erwarten ist. Ist der eigene Hund eher der aktive Mobber, ist der sichere Abbruch unabdingbar. Um dies zu üben, sollte man ab und zu das harmlose Spiel abbrechen.
Auch im häuslichen Umfeld lässt sich der Abbruch bereits gut üben (siehe Seite 13, 83).

IM FREILAUF AUF DER WIESE

Freie Flächen bieten Hunden auch eine freie Sicht auf die verschiedensten Reize. Das darf man nicht unterschätzen und sollte vor dem Ableinen bedacht werden.

Wichtiger Grundsatz ist, dass ein Hund, der von der Leine gelassen wird, nicht einfach losstürmen sollte. Eine freie Fläche muss von der Führperson erst gründlich auf mögliche Reize überprüft werden. Beim leisesten Zweifel, ob der Hund ohne Leine kontrollierbar bleibt, ist es ratsam, ihn angeleint weiter zu sichern. Der Hund lernt so, nicht allen Reizen nachgehen zu müssen. Innerhalb einer Reizsituation kann man beispielsweise, wunderbar die Leinenführigkeit weiter üben (siehe das Beispiel von Malthus Seite 136).

ABLEINEN UND „GO"

Das Ableinen an sich sollte unspektakulär erfolgen. Wenn ich auf meinen Touren von Hundehaltern und ihren Hunden begleitet werde, erlebe ich die unterschiedlichsten Möglichkeiten, wie man seinen Hund von der Leine lösen kann. Meistens wird der Hund klassisch abgesetzt, die Leine auf Zug, der Hund schaut in Richtung Wiese. Es macht „Klick!", und wie beim Startschuss eines Sprintwettbewerbes rast der Hund beim Lösen der Leine in Porsche ähnlichem Tempo auf die weite Wiese. „Endlich frei!" und „Ja, das hat er jetzt mal gebraucht!" Wirklich? Also ich sehe das anders. Die Wiese wollten wir eigentlich gemeinsam „erobern", nun ist der Hund schon vor allen anderen mitten im Grün. „Aber bei Ihnen rennen doch auch alle Hunde auf „Go" los", bekomme ich dann als Antwort. Schaut man aber genau hin, sind vorher viele Schritte passiert, die jedem Einzelnen vermitteln, dass wir ein Team sind, dass ich dabei als Führperson fungiere und möchte, dass wir auch im Freilauf weiter verbunden sind. Ich bin mit allen Hunden im Gespräch, sei es nun verbal, körperlich oder per Augenkontakt. Auch mit den angeleinten Hunden. Gebe ich das „Go", besteht sonst die Gefahr, dass sie mich mitreißen und das ist schmerzhaft. Wir schauen, ob die Wiese frei ist, so oder so laufe ich noch einen Zirkel oder Schlangenlinien. Es ist wichtig, dies auch reizfrei zu trainieren, damit es in einer Reizsituation bereits geübt ist.
Die Hunde schauen mich dabei erwartungsvoll an, werden zurückgeschickt, wenn sie vorlaufen. Wenn sich alle gut beherrschen, geht es los: „Go" oder „Ok" und ab über die Wiese. Meine Stimme begleitet die Hunde dabei. Jetzt kann ich auch den ein oder anderen noch angeleinten Hund von der Leine lösen. Die Leine löse ich nie mit Absitzen, sondern während der Hund neben mir läuft. Kurzer Augenkontakt, der Hund fragt „Darf ich?" – „Ja" und „Go!"
Sollte Ihr Hund sich das Klicken des Karabiners bereits als Startschuss angewöhnt haben, sichern Sie ihn mit zwei Leinen und lösen sie immer abwechselnd einen Karabiner, das heißt, eine Leine ist dabei immer am Hund. Bleiben Sie während der Übung in Kontakt mit Ihrem Hund, damit er Sie, wenn Sie den Karabiner lösen, nicht mitreißt.

ABLEINEN UND „GO" AUF EINEN BLICK

- Der Hund bleibt beim Betreten der Wiese angeleint.
- Der Hund ist mit mir im Gespräch.
- Die Leine wird gelöst, der Hund läuft weiter neben mir, dabei laufe ich Wendungen, Zirkel oder Schlangenlinien, genau wie an der Leine.
- Darauf folgt Augenkontakt, der Hund fragt: „Darf ich?"
- Jetzt gebe ich das Stimm- und Körpersignal „Go" und der Hund darf los.

01

02

03

04

05

06

07

Laufen Sie gelassen in einem Tempo über die Wiese. Irgendwann registriert Ihr Hund, dass das Klicken nicht mehr bedeutet, dass er lossausen darf. Dann ist es auch möglich, den Hund davon zu überzeugen, dass er auch ohne Leine weiter neben einem läuft, obwohl die weite Wiese lockt.

01 – 03 Mala ist mit mir verbunden und darf ins „Go". Auf mein Signal folgt sie und kommt zurück.

04 – 05 Mala nimmt meine Einladung freudig an und bietet von sich aus kooperativ die Pfote.

06 – 07 Belohnung: gemeinsames Toben und Schmusen.

Ohne die Kontrolle zu verlieren, animiert „Vorturner" Cuba die anderen Hunde, ihm nachzulaufen.

Hier möchte ich noch einmal das Bild vom Bergsteigerteam bringen. Der Bergführer leitet die Gruppe durch die Natur und bringt dabei jeden Einzelnen ins Gruppengefüge. Es ist ein gutes Gefühl, nicht selbst den Weg suchen zu müssen, sondern sich der souveränen und erfahrenen Person anschließen zu können. Er weiß, wo Gefahren lauern und wie man mit ihnen umgeht. Er kennt die sicherste Route, die zusätzlich reizvoll und abenteuerlich ist. Denken wir bei dem Bild an unsere Hunde: Jeder kann trotz Führung seine Talente einbringen, zum Beispiel besonders schmackhafte Pflanzen finden, auf einer Wiese einen Wettlauf initiieren oder Stöcke tragen.
In einer harmonischen Wandergruppe fühlt man sich gut aufgehoben. Warum sollte man sich allein auf den Weg machen? Man wäre ohne Führung, Sicherheit und fernab von Bestätigung.

INFO FÜR MEHRHUNDEHALTER

Auf einer freien Fläche lasse ich die Hunde circa 10 bis 20 um Meter um mich herum laufen. Kommen wir an einen Hügel, rufe ich die Gruppe heran. Wir gehen geschlossen weiter, bis ich wieder freie Sicht habe und den Raum erneut öffnen kann. Die zur Verfügung gestellte Raumgröße variiert individuell. Je besser der einzelne Hund sich an der Gruppe orientiert, also je zuverlässiger er sich als Teamplayer einbringt, desto mehr Spielraum bekommt er zur Verfügung.

DIE STIMME BEGRENZT DEN RAUM

Die Stimme ist auf freien Flächen ein wichtiges Hilfsmittel. Sie ist meine Verbindung zum Hund, meine unsichtbare Leine. Bewegt sich der Hund energetisch im Freilauf, wird er mit einem tiefen, langezogenen „Hoh!" beruhigt. Mit einem „Jipieh!" oder „Goodie!" wird er anfeuernd bestätigt. Hunde begreifen unsere Worte situativ und lernen schnell. Ein gedehntes „Zu weit" signalisiert dem Hund, dass er die Raumgrenze beachten und abdrehen soll. Egal, was man ruft: Die Stimmlage und die darüber transportierte Emotion sind entscheidend. Beim Üben des Stopp-Signals sollte man sich nicht nur auf seine Stimme verlassen, sondern mit der Schleppleine seine Worte unterstreichen.
Nicht nur Windhunde lieben es, zu rennen und sich gegenseitig zu fangen, auch andere Rassen haben Freude daran. Hier muss darauf geachtet werden, dass der Hinterherhetzende nicht versucht, den Vorlaufenden zu zwicken oder gar zu packen. Kürzt ein Hund die Laufstrecke des Vorlaufenden ab, kann auch das zu Unfällen führen. Damit das „Jagdspiel" nicht zu einer Hatz eskaliert, muss sich der Mensch ins Geschehen einbringen und die Hunde verbal und mental begleiten. Eine Gratwanderung, falls man die Hunde nicht ausreichend kennt und einschätzen kann. Bestehen nur geringe Zweifel, ob und wie weit der Hund seine Zähne im Griff hat, sollte man ihm, gerade auf großen Flächen, bei Erstbegegnungen zur Vorsicht einen Maulkorb anziehen.

Die Hunde lieben Cubas „Runs".

Raufen zwei oder mehr Hunde miteinander, zeige ich auch hier verbal meine Präsenz. Denn das „Spiel" kann schnell kippen. Gerade bei mehreren Hunden sollte Mobbing vom sozialen Austausch, bei dem es durchaus hochhergehen darf, unterschieden werden können. Aus einer ruhigeren Spielsituation heraus lässt sich der Abbruch üben. Ein „Stopp" muss für den Hund bekannt sein und im Ernstfall sitzen.

„VORTURNER" – FLUCH UND SEGEN

Mein Gasthund, der Galgo Español Cuba, kam nach zwei Wochen Pause wieder in die Betreuung. Unterwegs auf dem Walk ging es in den Freilauf und, scheinbar nichts verlernt, gab Cuba bravourös den „Vorturner". In dieser Rolle animiert er die anderen Hunde, ihm nachzulaufen, ohne dass er die Kontrolle über die Situation verliert. Cuba ist schnell und die anderen Hunde lieben seine „Runs". Die erste Runde lief er, wie verabredet, über die Wiese. Doch schon bei der zweiten Runde bekam er Oberwasser und steuerte das abgeerntete Maisfeld an. Dieser Raum war von mir nicht freigegeben. Auf mein „Zu weit" kam jedoch keine Reaktion. Vorturner Cuba „machte die Tür auf" und alle anderen verließen mit ihm den Raum und liefen auf das Feld. Auf mein „Stopp, zurück!" kehrten die meisten zwar um, aber ausgerechnet der sonst so zurückhaltende Ridgeback Samu sauste Cuba weiter hinterher. Als der Rausch vorüber war, wurde den beiden Ignoranten klar, dass sie die Grenzen überschritten hatten. Ich versammelte die Hunde um mich herum und signalisierte deutlich, dass ich Cubas Verhalten nicht toleriere. Nachdrücklich stellte ich bei allen klar, dass ich schlichtweg sauer war. Was war also als Nächstes zu tun: Ein bisschen schnüffeln und wälzen und schauen, wann sich die schlechte Stimmung legt. Samu bekam schnell Sorge vor der eigenen Courage und schloss sich uns wieder an. Cuba wiederum wurde es allein auf dem Feld langweilig. In rasantem Tempo kam er zurück, umkreiste uns aufmüpfig und suchte erneut Mitstreiter. „Du kannst allein Deine Faxen machen, Cuba. Hier hast Du keine Chance mehr." Sicher viel Text für einen Hund, aber so war für alle, inklusive Cuba, klar, dass die Rote Karte ihm galt und nicht den Nachläufern.

Der Vorturner hatte es verbockt, er hatte mein Vertrauen missbraucht und die ganze Gruppe in Gefahr gebracht. Tatsächlich stieg keiner mehr auf Cubas Provokation ein. Er startete noch zwei Versuche, aber wenn keiner mitmacht, wird das Spiel schnell langweilig. Muffelig schloss sich Cuba wieder an und ich nahm ihn an die Leine. Nicht als Strafe, sondern als Lernerfahrung. Auch Cuba muss sich an die Regeln halten.

Neuer Tag neues Glück. Am nächsten Tag war Cuba wie ausgetauscht, geradezu aufdringlich, sich mit mir gut zu stellen. Ich belohnte sein Loyalitätsangebot mit Vertrauen und er durfte erneut als „Vorturner" agieren. Wie gewohnt und ganz der Alte, ließ er sich von meiner Stimme wie an einer langen Leine führen.

GEFAHREN UND PROBLEME VERMEIDEN

— **Bewegungsreize** – Alles, was sich bewegt, finden Hunde spannend. Wild, Schafe, Vögel, Pferde sollten vom Hundehalter rechtzeitig gesichtet und der Hund muss dann entsprechend kontrolliert geführt werden. Galgo Español Cuba reagiert bei Sichtung von Wild sensibel auf die Wahl der Tonart beim Rückruf. Ist man schrill und hektisch, schaut er sich erst einmal prüfend um: „Sie hat etwas gesehen – wo ist es denn?" Beim Windhund ist also eine säuselnde Einladung wesentlich effektiver. Mancher andere Hund allerdings reagiert zuverlässiger auf ein deutliches „Zurück!" Deutsch-Kurzhaar-Hündin Olga jagt gern tief fliegende Schwalben. Je länger Olga den Schwalben hinterhersetzt, desto mehr verliert sie sich im „off" (in Außenreizen). Gewährt man seinem Hund eine Weile diesen Spaß, sollte dabei das (unsichtbare) Band zwischen Halter und Hund erhalten bleiben. Bleibe ich mit Olga währenddessen im Kontakt, kann ich das Spiel beenden und Olga schließt sich wieder freudig an. Grundsätzlich gilt: Führt man einen jagdfreudigen Hund und ist beim Walk nicht ganz bei der Sache, sollte der Hund an der Leine bleiben. Nicht eine gute Konditionierung macht sich nachhaltig bezahlt, sondern nur die Konsequenz.

— **Rücksicht auf Erholungssuchende** – Sind wir mit dem Hund unterwegs, ist Rücksichtnahme auf unsere Mitmenschen, wie Wanderer, Jogger, und vor allem Kinder, unabdingbar. Golden-Retriever-Hündin Lucky, ein Herz von einem Hund, liebt Kinder. Verständlicherweise aber lieben nicht alle Kinder Lucky. Kamen Kinder in unser Sichtfeld, nahm ich sie an die Leine. Ihre „umwerfende Art" ließ sich nicht per Knopfdruck abstellen. Konditionierung über Leckerli? Passte nicht, denn Kinder hatten einfach immer die schmackhaftere Leckerei in der Hand. Konditionierung über Beute? Funktionierte nicht, denn spielten Kinder Ball und warfen Stöcke, wirkte das auf die Hündin weit attraktiver als meine Spielangebote. Konsequentes „An-die-Hand-Nehmen" ist unspektakulär, aber auf lange Sicht war das der richtige Weg. Heute ist Lucky sechs Jahre alt und einer meiner zuverlässigsten Gäste, nicht nur im Freilauf, selbst dann, wenn Kinder sich mit Leberwurstbrötchen bewerfen. In gleichem Maße erlebe ich umgekehrt Passanten, die sich den Hunden und mir distanzlos nähern. Tierlieb verzückt, verwechseln sie uns mit einem mobilen Streichelzoo. Unsere Junghündin Elsa lässt sich nur zu gern von solchen Reizen ablenken. Da aber auch sie lernen soll, in der Gruppe zu bleiben, halte ich sie in solchen Situationen über die Leine konsequent in meinem Raum.

Buddellöcher sind gefährliche Trittfallen für alle anderen Wiesennutzer.

- **Rollende Räder** – Auf drehende Räder von Autos, Lastern und Fahrrädern können zum Beispiel Hütehunde, wie Border Collie, Australian Shepherd, Malinois, und auch Terrier (und nicht nur die) wie paralysiert reagieren. Im schlechtesten Fall greifen die Hunde an und verbeißen sich im rotierenden Reifen. Eine gefährliche Leidenschaft, vor allem im Straßenbereich, aber auch auf Wiesen, denkt man beispielsweise an Fahrräder oder gar an Traktoren. Hat der Hund dieses „Hobby“ für sich entdeckt, ist es schwer, das Verhalten umzulenken. Ratsam ist es, dem Hund über die Leine rechtzeitig beizubringen, dass es zusammen im sicheren Raum entspannter ist, als allein Reifen anzugreifen.
- **Ball & Co** – Spielfreudige Hunde agieren gern mit allem, was sich bietet, besonders beliebt dabei: Dinge, die „erbeutet“ werden müssen. Dazu eignen sich Bälle, Frisbee, Dummys etc. Komme ich auf eine große Wiese, und dort wirft bereits ein Hundehalter eine Frisbee für seinen Hund, habe ich zwei Möglichkeiten: Ich lasse meinen Hund zu dem Spielenden laufen und „mitspielen“. Dafür muss mir aber mein Hund vorab die Möglichkeit geben, herauszufinden, ob der andere das überhaupt möchte. Hunde sind keine Kuscheltiere und verteidigt der andere sein Spielzeug, kann die Begegnung unangenehm enden. Oder aber ich setze den Weg gemeinsam mit meinem Hund fort und wir wählen eine andere Stelle auf der Wiese für unsere Aktivitäten. Ist der Rückruf jedoch zwecklos, weil mein Hund unbedingt die Frisbee erbeuten möchte, ist es also weder möglich, vorab zu fragen, noch den Weg fortzusetzen, sollte ich den Hund schon in meinem Raum halten, bevor er den Reiz bemerkt. Auch hier gilt: Öffnet der Hund ohne Rücksprache die Tür und verlässt den vorgegebenen Raum, ist das nicht teamorientiert.
- **Unsichere Hunde** – Auch panisch flüchtende Hunde gehören zu den Bewegungsreizen. Laufen diese unsicher davon, kann die Begegnung, gerade auf weiten Flächen ohne Versteckmöglichkeiten, eine ungewollte Dynamik bekommen und in einer Hatz ausarten. Hunde gehören als Raubtiere zu den Beutegreifern. In solch einem Moment reduzieren sie sich

> *»Rücksicht und Vorausschau sind zwei Blickrichtungen, die einander nicht ausschließen sollten.«*
>
> *Else Pannek*

Ein Fehlverhalten unsicherer Hunde löst auf weiten Flächen den Hetztrieb aus.

Hunde sollten vor allem in den warmen Monaten vor Ungeziefer geschützt werden.

schlichtweg auf das Wesentliche, nämlich die Beute zu greifen. Der unsichere Hund sollte bei Hundebegegnungen an die Hand genommen und sein Raum gesichert werden. Weiß der Hund sich von seinem Halter geschützt, kann er zukünftige Begegnungen besser managen.

— **Übergriffige Hunde** – „Der tut nichts!", in der Regel stimmt dieser Satz. Aber leider nicht immer. Eine Bekannte traf auf einen Passanten mit zwei frei laufenden Schäferhunden. Der eine ging in Lauerstellung, als sie sich mit ihrem angeleinten Hund näherte. Verunsichert hielt sie an, aber der Halter beruhigte sie, der Hund sei harmlos und tue nichts. Als meine Bekannte den Schäferhund passierte, sprang dieser los und packte ihren Hund am Genick. Dieser konnte sich erst von Geschirr und Leine befreien, dann aus dem Griff des Schäferhundes und floh panisch in den Wald. Nach einer Suchaktion wurde er verletzt unter einem Bauwagen gefunden und in der Klinik notversorgt. Es ist trotz Verletzungen alles gut ausgegangen, der Hund lebt. Aber der Schock saß noch lange tief. Hat man Zweifel, bleibt man in solchen Situationen besser stehen und bietet so dem Beutegreifer keinen Bewegungsreiz. Das musste auch eine Freundin von mir erfahren. Wir waren zusammen mit den Hunden unterwegs, als ein weißer Husky auf uns zu raste, ungebremst und ohne zu zögern Bimba, die Galga meiner Freundin, packte, schüttelte und das Rückenfell abriss. Bimba wurde genäht, die Wunde war tief und heilte schlecht. Es war ein Alptraum. Wie hätten wir das verhindern können? Die einzige Möglichkeit wäre gewesen, sich schützend vor die Hunden zu stellen und körperlich wie verbal deutlich zu demonstrieren, dass es hier nichts zu holen gibt.

— **Buddellöcher** – Auf Wiesenflächen sollten Hunde nicht graben. Die Verletzungsgefahr ist groß, tritt ein Mensch, Hund oder Pferd in solch ein Loch. Buddeln zählt zum Jagdverhalten. Biete ich meinem Hund Buddeln als Alternative zur Jagd auf Wild an, darf dies, wenn überhaupt, nur an Wegrändern stattfinden. Der Hund muss dabei mit dem Menschen im Kontakt bleiben und jederzeit abrufbar sein.
— **Erdwespen** – Erdwespen gehören zu den Kurzkopfwespen. Sie besiedeln ihren Bau meist nur ein Jahr und nisten in der Erde. In der Regel haben ihre Nester nur wenige Einfluglöcher. Die Wespen sind meist nicht aggressiv. Aber hält ein Hund das Einflugloch eines Erdwespenbaus irrtümlich für ein Mauseloch und steckt seine Nase hinein, dann fühlen sich die Wespen augenblicklich bedroht und schwärmen aus.
— **Ungeziefer, Zecken**– Laufen Hunde durchs Gras, müssen sie vor Ungeziefer, besonders vor Zecken, geschützt werden. Bei kurzhaarigen Hunden sieht man die Zecken gut und kann sie einfach absammeln. Hier mag Kokos- und Schwarzkümmelöl ausreichend schützen. Bei langfelligen Hunden jedoch sollte man auf die wirksamen Spot-on-Präparate zurückgreifen. Sie sind zweckmäßiger als die Ungeziefer-Bänder, die sich die Hunde beim Toben gegenseitig abreißen können.
— **Grasmilben** – Grasmilben findet man in hochgewachsenem, trockenem Gras. Sie kommen in ganz Mitteleuropa vor. In Deutschland ist die Grasmilben-Population im Rheinland sowie in Teilen Bayerns und Hessens am höchsten. Die Grasmilben beißen nur in die oberste Hautschicht ihres Wirtes. Sie ernähren sich von Zellsaft und Lymphflüssigkeit. Von Juli bis Oktober verursachen die tagelang juckenden Bisse rote bis eitrige Pusteln, auch Erntebeiß oder Augustpocken genannt. Krankheiten übertragen sie allerdings nicht. Das macht ihre Stiche jedoch nicht weniger lästig. Allergische Reaktionen und Sekundärinfektionen sind aufgrund des starken Juckreizes oft die Folge. Gerade kurzhaarige Hunde sind an den nackten Partien schnell betroffen. Die dünne, feuchte Haut wird von Milben gern bevorzugt. In Mitleidenschaft gezogen sind häufig die Stellen am Bauch, an den Oberschenkel- und Ellenbogeninnenseiten und an den Pfoten. Reagiert ein Hund allergisch auf Grasmilben, sollte man das Immunsystem stärken und hohe Wiesen meiden. Manchmal hilft auch eine Futterumstellung.

Checkliste

ALLERGISCHEN REAKTIONEN VORBEUGEN

- ☐ Nach dem Walk mit kaltem Wasser Bauch und Beine abspülen, das aktiviert das hauteigene Cortison und verhindert die Pustelbildung.
- ☐ Gabe von Schwarzkümmel – innerlich und äußerlich
- ☐ Spezialshampoo-Behandlung, zum Beispiel Dermazyme-Losham oder Allermyl-Lotion von Virbac. Gut einreiben, 15 Minuten einwirken lassen, gut abspülen.
- ☐ Octenisept. Eine ein- bis zweimalige Behandlung mit dem Spray bringt die Pusteln schnell zum Abheilen und der Juckreiz verschwindet fast sofort.
- ☐ Nach dem Walk mit einer Apfelessig-Mischung (1 Tasse Apfelessig auf 1 Liter lauwarmes Wasser) an den betroffenen Stellen abwaschen.
- ☐ Nach dem Säubern mit einem Bio-Hautöl von der Firma Leovet einreiben (Zusammensetzung u. a. aus Karotte, Ringelblume und Johanniskraut – eigentlich für Sommerekzem-Pferde).
- ☐ Mit 10-fach verdünnter Ringelblumentinktur den Bauch abwaschen und trocknen lassen.
- ☐ Bei anfälligen Hunden bei trockenem Sommerwetter hohe Wiesen meiden (Leine!).

WAS KANN ICH AUF DER WIESE ERLEBEN?

„Es sind die kleinen Dinge im Leben, die wahre Freude bereiten!“ Nicht das Leckerchen oder das Spielzeug. Belohnt wird bei den folgenden Ideen allein durch die gemeinsame Aktion.

— **Die Wiese erobern** – Die Führperson geht auf die Wiese, begleitet vom Hund, der locker nebenherläuft. Die Fläche wird nun auf Gefahren überprüft: Personen, vor allem Kinder, Wild und Pferde sollen nicht gefährdet werden. Ist die Fläche frei, läuft man gemeinsam auf die Wiese und der Hund darf den Raum vergrößern. Läuft man im Kreis zurück zum Ausgangspunkt, hat man die „Nase wieder vorn“, wird aber schon bald von seinem Hund freudig eingeholt. Hunde lieben dieses simple Laufspiel. Laufen Sie nicht los, wenn noch Reize auf der Wiese zu sehen sind, auch ein weiterer Hund zählt dazu. Die gemeinsame Wieseneroberung würde dem verlockenden Reiz unterliegen. Je nach Stärke des Reizes sollte der Hund vorausschauend über die Leine geführt werden. Gelassen geht es zusammen weiter, so bleibt es eine gemeinsame Aktion. Der Hund lernt: „In der Situation schaut mein Mensch, was für uns beide wichtig ist. Ich brauche dem Reiz nicht nachzugehen.“

— **Wettrennen** – Was für eine Freude für unsere Hunde, wenn sie uns zeigen können, wie schnell sie und wie langsam wir sind. Ganz pfiffigen Hunden kann man beibringen, im Kreis zu laufen und zum Ausgangspunkt vorzulaufen und dort zu warten. Das muss nicht im Platz oder Sitz sein. Wenn die Führperson mit hängender Zunge endlich ankommt, gibt es ein freudiges Wiedersehen.

— **Fangen spielen und Haken schlagen** – Wie oben beschrieben, nur dass man hier noch versucht, den vorlaufenden Hund zu fangen. Die Hunde bemerken meine Bemühungen, sie zu greifen, und rennen um mich herum. Mal schlagen sie einen Haken und sausen an mir vorbei, mal gehe ich in die Kurve. Hin und her geht das, bis einem die Puste ausgeht. Manche Hunde werden geradezu elektrisiert, wenn man versucht, ihre Füße zu fangen. Beobachtet man die Hunde beim Spiel, sieht man, wie auch sie ihre „Gegner“ in die Füße „beißen“.

Belohnt wird durch die gemeinsame Aktion.

— **Beute sichern** – Ein tolles Spiel für die Mehrhundehaltung: Ich werfe meinen Hunden kein Spielzeug, aber manchmal finden wir welches auf den Wiesen. Der Finder bekommt meine ganze Aufmerksamkeit. Es sei denn, der Hund ist bereits so auf die Objektsuche fixiert worden, dass er an nichts anderes mehr denken kann, als Bälle und Co. aufzuspüren. Diese Hunde werden nicht bestätigt und eher davon abgehalten, unterwegs alles einzusammeln. Manchmal nehme ich auch einen alten Schal mit und stelle ihn als Beute zur Verfügung. Ich suche mir einen Hund aus, der bekommt die Beute und rennt weg. Das ist aufregend, hier wird alles abgefragt, was ein Hund im Hundeleben können muss, körperlich und geistig, inklusive sozialem Verhalten.

Dieses Spiel macht zwar auch mit der Bezugsperson Spaß, aber richtig aufregend ist dies in einer intakten Hundegruppe. Intakt heißt, die Hunde kennen sich, ihre Stärken und Schwächen. Sie respektieren sich und können sich auch beim Sichern der Beute ausreichend kontrollieren. Wichtig ist, dass die Hunde wissen, dass die Führperson bei Bedarf zu Hilfe kommt. Ein Abbruchsignal ist wichtig falls das Spiel kippt: „Schluss" ist Schluss.

— **Tauziehen** – Ist mein Schal nun sowieso schon leicht löchrig, kann ich anschließend ein Tauziehen initiieren. Wer lässt als Erster los, wer zieht am kräftigsten und wann reißt der Schal und wir haben doppelte Beute? Bei diesem Spiel kann man die Hunde gut lesen: Wie konsequent, wie ehrgeizig ist der Hund und wo ist seine Frustrationsgrenze?

— **Zusammen raufen** – Mit Hunden kann man herrlich raufen. Über das Raufspiel kann ich viel über meinen Hund und über mich erfahren. Mag er gern wilde Spiele, wie hart ist sein Fang und was halte ich aus. Wichtig ist auch hier, dass der Abbruch sitzt und das Spiel nicht eskaliert. Übertritt mein Hund beim Raufen Grenzen, das heißt, schaffe ich es nicht, meinen körpereigenen Raum zu schützen, dann sollte ich unser Mensch-Hund-Team auch im Alltag überprüfen und dem Hund gegebenenfalls mehr Grenzen setzen (siehe Seite 24).

— **Flieger spielen** – Die Führperson breitet die Arme aus und läuft Seite an Seite (also im kleinen Raum) mit dem Hund. In Kurven und Schlangenlinien geht es in wechselnder Geschwindigkeit gemeinsam über die Wiese. Der Hund soll hierbei die Distanzzone der Führperson einhalten, sie nicht anspringen und auch nicht anbellen. Zum Abbremsen geht man etwas in die Knie und hält die Arme wie eine Schranke: „Stopp!" Bei diesem Spiel sollte der Hund den Menschen anfangs nicht überholen. Fällt es ihm schwer, sich daran zu halten, wird er über die Leine im Raum gehalten. Ist der Hund schon geübt, kann er mehr Raum bekommen, und zeigt man nun mit dem Arm nach links, geht es gemeinsam in die Linkskurve, umgekehrt rechtsherum genauso. Die nach oben gerichtete Hand fordert den Hund zur Rückkehr auf (siehe Seite 30).

Gemeinsames Spiel schult soziales Verhalten.

Beinslalom

Meine Beine simulieren Slalomstangen.

Sich gemeinsam freuen, das motiviert.

- **Rückwärts** – Das Rückwärtsgehen ist eine sinnvolle Übung für einen Hund, der immer gern die Nase vorn hat und vorläuft. Bei der Übung soll er lernen, sich herunterzufahren und in den Raum der Führperson zurückzutreten. Der Hund ist dabei anfangs angeleint. Die Leine dient als Hilfsmittel zur Raumbegrenzung, es sollte kein Zug aufgebaut werden. Gibt man mehr Leine und der Hund läuft vor, stoppt man ihn verbal und bittet ihn einladend zurück. Der Hund soll jetzt der Einladung folgen und sich wieder neben dem Menschen positionieren. Fortgeschrittene können daraus das Rückwärtsgehen erarbeiten. Anfangs schreitet man Seite an Seite mit dem Hund zurück, eventuell nimmt man eine seitliche Begrenzung zur Hilfe. Erst reicht ein Schritt, der auch gleich gelobt wird, später werden daraus aufeinanderfolgende Rückwärtsschritte. Diese Übung findet in vielen Alltagsbereichen Verwendung, außerdem festigt sie auch die Leinenführigkeit..
- **Beinslalom** – Beim Slalom wird der Hund zu jeder Seite gedehnt, es ist also eine Übung, um die Beweglichkeit zu erhalten. Beim Beinslalom nutzt der Hund die Beine der Führperson als Slalomstangen. Abwechselnd stellt man ein Bein vor das andere, so als würde man große Schritte machen. Der Hund soll nun durch die Beine hindurchlaufen. Man startet mit einem Schritt, führt den Hund körpersprachlich durch die Beine, stellt diese zusammen

Die Belohnung für den Beinslalom ist hier der Apport.

und stoppt den Hund neben sich. Weiter geht es mit zwei, dann drei und vier Schritten. Fortgeschrittene Halter und ihre Hunde können eine ganze Slalomfolge gemeinsam zurücklegen.

— **Beinsprung** – Für diese Übung sollte der Vierbeiner körperlich fit sein. Beim Beinsprung springt der Hund über das von der Führperson ausgestreckte Bein. Zu Beginn begrenzt man zu einer Seite den Raum. Das heißt, das Bein wird gegen eine Mauer, einen Zaun oder einen Baum gestreckt. Anschließend zeigt man dem Hund körpersprachlich den Weg über das Bein. Hat der Hund das Prinzip verstanden, kann man es auch auf der freien Wiese ohne seitliche Begrenzung probieren. Fortgeschrittene Teams können daraus sogar einen Bocksprung über die Führperson erarbeiten.

— **Fußball spielen** – Beim Fußballspiel lernt der Hund, seinen Spieltrieb zu kontrollieren und sich mit seinem Mensch abzusprechen. Beide sollten dafür körperlich fit sein. Kommt der Ball ins Spiel, muss die Energie, je nach Hund, gedrosselt oder gesteigert werden. Fährt der Hund in der Erregung zu hoch, muss er anfangs über die Leine begrenzt werden. Ist er nicht mehr ansprechbar, ist dies das falsche Spiel und er sollte besser über Suchspiele beschäftigt werden. Das Spiel beginnt, indem der Ball mit einem leichten Kick bewegt wird. Der Hund darf jetzt „angreifen" und gemeinsam „dribbelt" man den Ball über die Wiese. Das fortgeschrittene Team markiert mit zwei dicken Steinen eine Art Tor. Der Hund soll jetzt den Ball aufnehmen, zum Tor bringen, ihn dort ablegen und warten. Es sollte nur in kurzen Zeitintervallen geübt und Tag für Tag Erlerntes gefestigt werden. Der Spaß steht hier im Vordergrund.

EXTRA BELOHNUNG

Die schönste Belohnung für Hunde ist die, uns glücklich zu machen. Aber mancher Hund braucht als Ansporn die Aussicht auf ein Leckerli oder das Spiel mit Ball & Co. Damit es auch eine extra Belohnung bleibt, sollte beides nur sparsam eingesetzt werden. Die Freude an der gemeinsamen Beschäftigung sollte im Vordergrund und der Ehrgeiz hinten anstehen.

Nach dem Slalom darf Josie den Ball holen.

Gemeinsame Freude motiviert.

KRÄUTER SAMMELN
— *Tipps und Rezepte*

Mit gezielten Gaben von Pflanzenteilen ist es möglich, die Gesundheit zu fördern, Selbstheilungskräfte zu aktivieren und bei chronischen Erkrankungen unterstützend einzuwirken.

Auch Wildtiere nutzen die Kräfte der Natur und nehmen instinktiv ihren Ansprüchen entsprechend Pflanzenteile auf. Verletztes Rotwild beispielsweise wälzt sich in Kräutern mit wundheilungsfördernden Eigenschaften. Vögel polstern ihr Nest mit Parasiten abweisenden Kräutern für eine gesunde Brut. Und viele Tierarten nehmen bei Verdauungsstörungen instinktiv Pflanzen auf, die sie sonst nicht fressen.

Und Kräuter bereichern auch den Speiseplan unserer Hunde. Sammeln Sie doch einmal ein paar Kräuter mit Ihrem Hund. Die Vierbeiner „helfen“ eifrig, die besten Pflanzenteile zu finden. Besonders die Wildkräuter im Frühjahr sind beliebt und werten eine Hundemahlzeit sinnvoll auf.

SIE BRAUCHEN

- Luftigen Korb oder Jutetasche
- Gartenschere zum Abschneiden der Kräuter
- Kleine Gartenschaufel zum Ausgraben der Wurzeln
- Leichte Gartenhandschuhe

BITTE BEACHTEN

- Keine unter Naturschutz stehenden Pflanzen sammeln.
- Im Vorfeld informieren. Ein gutes Pflanzenbestimmungsbuch (siehe Service, Seite 190) informiert ausführlich, sodass nicht versehentlich eine giftige Pflanze gepflückt wird.
- Dosierung für einen mittelgroßen Hund: 1 Esslöffel getrocknetes Kraut/Tag. Gabe: Nicht länger als sechs Wochen am Stück verabreichen. Bis dahin sollte sich der Körper harmonisiert haben.

Sammeln Sie nur gesundes und intaktes Pflanzenmaterial, das nicht in der Nähe von befahrenen Straßen, gespritzten Feldern oder verschmutzten Wegrändern wächst. Die Pflanzenteile müssen trocken sein, damit sie sich schichten lassen, ohne miteinander zu verkleben. Sammelzeit: sonniger Mittag.

Die Wurzel ist am kräftigsten im Frühjahr oder im späten Herbst. Bei Neumond ist die Wirkstoffkonzentration in der Wurzel am höchsten, da keine Zugkräfte auf die flüssigen Bestandteile wirken (Ebbe-Flut-Prinzip). Sammelzeit: früher Morgen oder Abend.

BRENNNESSEL, URTICA – ALLESKÖNNER, VIELSEITIG EINSETZBAR

- Hoher Gehalt an Vitamin C, Vitamin A und Eisen mit einer guten Bioverfügbarkeit
- Aktiviert Leber und Niere
- „Blutreinigend“ – Sauerstofftransport im Blut wird angeregt
- Hilfreich bei Allergien, Autoimmunerkrankungen, Arthrose und Rheuma
- Aber Vorsicht bei Nieren- und Herzerkrankungen mit Ödembildung

Brennnessel kann in allen Wachstumsphasen geerntet und eingesetzt werden. Die oberirdischen Planzenteile im Frühjahr haben die höchste Wirkstoffkonzentration. Der Same bildet sich im Spätsommer und ist hilfreich zur Unterstützung des Fellwechsels, ein Vitalisierungstherapeutikum, um den alten Hund wieder auf Trab zu bringen. Tinkturen aus der Wurzel können bei starker Schuppenbildung und Haarausfall helfen.

Löwenzahn regt den Stoffwechsel an.

Brennnessel vitalisiert.

Auf der Suche nach schmackhaften Kräutern.

LÖWENZAHN – TARAXACUM OFFICINALIS – EINE WERTVOLLE FUTTERBEIGABE

- Gehaltvolle Wurzel
- Zahlreiche Vitamine, Mineralstoffe und Flavonoide
- Bitterstoffe
- Regt die Gallentätigkeit und Verdauung an
- Unterstützt den Fettstoffwechsel

REZEPTE

Brennnesselwurzel-Tinktur

250 g Brennnesselwurzel gesäubert und zerkleinert; 1 l Wasser; ½ l Essig.
Alle Zutaten eine ½ Stunde kochen und dann abseien. Zweimal pro Woche die betroffenen Stellen einreiben.

Brennnessel-Tee

1 bis 2 Teelöffel frische Brennnesseln oder 1 Teelöffel getrocknetes Kraut mit 200 ml nicht mehr kochendem Wasser aufgießen und 10 Minuten ziehen lassen. Mit dem Kraut unter das Futter mischen.

Löwenzahnwurzel-Tinktur

20 g Löwenzahnwurzel gesäubert und zerkleinert; 150 ml hochprozentiger Schnaps.
In ein Gefäß füllen, zwei Wochen dunkel lagern und absieben. Bei Appetitmangel, Verstopfung und zur Anregung des Stoffwechsels von Galle, Leber, Milz, Bauchspeicheldrüse und Niere jeweils 3 bis 10 Tropfen mit Wasser verdünnen. Vor den Mahlzeiten verabreichen.

Löwenzahn-Püree

1 bis 2 Teelöffel frisches Kraut püriert zu den Mahlzeiten geben.

Anja Burgmann, Tierheilpraktikerin

IM WASSER

— *völlig losgelöst*

BEDEUTUNG DES WASSERS FÜR MENSCH UND HUND

Wasser fasziniert uns: das kühle Nass des Badesees, das uns sanft umschließt, wenn wir hineintauchen. Die Weite und Kraft des Meeres mit seiner tosenden, dann wieder ganz stillen und glatten Oberfläche. Die Regentropfen, die prickelnd und frisch die Haut benetzen, oder das kristallklare Quellwasser, das unseren Durst stillt.

Wasser ist überall, zwei Drittel der Erde besteht aus Wasser, es ist ein wichtiger Lebensraum für viele Tiere und Pflanzen. Auch der menschliche Körper besteht zu einem hohen Prozentsatz aus Wasser.
Wasser ist transparent, geschmack-, geruch- und farblos. Dies sind nicht besonders schillernde Eigenschaften und trotzdem ist es alles andere als langweilig. Es ist auch nicht einfach nur flüssig. Es ist die einzige chemische Verbindung, die in drei Aggregatzuständen vorkommen kann: flüssig, fest und gasförmig. Ob im Winter das Rutschen auf dem gefrorenen Teich oder im Sommer das Baden, Wasser zieht uns – Mensch wie Hund – zu jeder Jahreszeit und bei jedem Wetter in seinen Bann. Natürlich sind nicht alle Hunde gleichermaßen wasserverrückt. Es ist auch nicht jeder Vierbeiner ein Schwimmtalent, aber alle meine Hunde freuen sich während des Walks auf die Rast an einer Wasserstelle. Gerade im Sommer ist das Abkühlen, Planschen und Tollen im kühlen Nass ein absolutes Highlight.

WASSER IST NICHT GLEICH WASSER

Wasser unterscheidet sich vor allem durch den unterschiedlichen Gehalt an Mineralstoffen. Ozeane enthalten Salzwasser mit durchschnittlich 35 Gramm gelösten Mineralsalzen je Liter. Salzwasser macht circa 96,5 Prozent des gesamten Wasservorkommens der Erde aus.

Dass Wasser nicht gleich Wasser ist, stellten meine Whippets Bruno und Celine entsetzt fest, als wir einen ersten gemeinsamen Ausflug zum Meer machten. Während der Hauptsaison gilt Hundeverbot an vielen Stränden und so suchten wir einen extra ausgewiesenen Hundestrand heraus. Nach langer Fahrt ging es mit Sack und Pack,

Das befreit: Schütteln von der Rute bis zur Nasenspitze.

Kind und Kegel endlich raus aus dem Auto, schnell an den Strand und ab ins Wasser. Mein Fehler war jedoch, die Hunde vor dem Erstkontakt mit dem Meer nicht darauf aufmerksam zu machen, dass das Meerwasser salzig schmeckt. Die Kinder kannten das Meer und seine salzige Brandung bereits, aber Bruno und Celine hatten bisher nur den Wiesenteich und unseren Pool kennen und schätzen gelernt. Kurze Warnungen, wie „Vorsicht Wellen!", „Langsam!" oder „Bäh, schmeckt nicht!" wären schon ausreichend gewesen. Hunde verstehen uns, wenn wir sie auf etwas Unbekanntes vorbereiten oder davor warnen. Aber so sprangen meine bis dahin hochmotivierten Whippets von mir völlig unvorbereitet ins salzige Wasser. Bruno, als Erster im Wasser, wurde gleich von einer Welle überspült und nahm dabei so viel Salzwasser auf, dass er schockiert über den Geschmack und aufgrund der Menge, die er schluckte, japsend Luft holen und sich anschließend übergeben musste. Stunden später wurde er von Durchfall geplagt. Salzwasser wird von vielen Hunden schlecht vertragen, nehmen sie zu viel davon auf, kann dies eine Salzvergiftung zur Folge haben. Unsere Schützlinge sollten deswegen nicht ungehindert Meerwasser trinken. Bruno ist seitdem nicht mehr für Salzwasser zu begeistern, und wenn wir am Meer sind, ist er stets darauf bedacht, auf keinen Fall mehr das salzige Nass in Maul und Nase zu bekommen. Für erfahrene „Meerurlauber" und die weniger empfindlichen Hunde ist das Planschen und Baden im Meer jedoch ein Riesenspaß.

»Die Hunde machen es uns vor, die Kunst vom Eintauchen und Abschütteln!«

Ursula Löckenhoff

Prickelndes Badevergnügen. Wasser ist einfach magisch.

ZUSTIMMUNG ABWARTEN

Pfützen, Bäche, Flüsse, Teiche, Seen – gerade die wasserverrückten Hunde lieben jede Art von Wasserstelle. Keine Pfütze wird ausgelassen, um zu planschen und zu matschen. Die Englische Bulldogge Leila zum Beispiel ist ein absoluter Pfützen-Fan. Es ist eine für sie durch nichts zu ersetzende Freude, ihren massigen Körper so lange durch Pfützen zu ziehen, bis Sand, Wasser und Hund zu einer pappigen Matsche verquirlt sind.
Vorsicht ist bei größeren Gewässern geboten, Hunde können die tückischen Risiken nicht einschätzen. Dann sind wir als Führperson für ihre Sicherheit verantwortlich. Wärme und Kältezonen von Baggerseen, glatte und steile Ausstiegskanten von Wasserkanälen, Strudel und das alles mit sich reißende Wasser des Rheins, um nur einige Beispiele zu nennen. Gefährdet sind hier nicht nur junge Hunde und sich selbst überschätzende Senioren. Erschöpfung, Unterkühlung und Panik bringen auch manche erfahrene Schwimmer erschreckend schnell aus dem Gleichgewicht. Wir sollten dem Hund daher von Anfang an begreiflich machen, dass er nur mit unserer Zustimmung ins Wasser springen darf. Halten sich die Hunde nicht an unsere Vorgabe, werden sie vorausschauend angeleint und lernen über die konsequente Vorgehensweise, dass es beim „Nein!“ bleibt. Es spielt dabei keine Rolle, ob der Hund nun besonders wasseraffin ist oder mit Vorliebe Enten jagt. Sind die Hunde auch in Wassernähe trotz der damit verbundenen Reizen gut kontrollierbar, können sie abgeleint werden. Wie schon im Wald und auf der Wiese gilt auch am Wasser: Bitte in Sicht und Rufweite bleiben und alles, was mit Leine nicht funktioniert, brauche ich ohne gar nicht erst auszuprobieren.

MÖGEN HUNDE WIRKLICH KEINEN REGEN?

Der Regen füllt die Pfützen mit frischem Wasser und sorgt dafür, dass Wälder und Wiesen saftig grün bleiben. Wussten Sie, dass innerhalb eines Jahres ein Regentropfen den Wasserkreislauf circa 35-mal durchläuft? Tristes Regenwetter hat auch Vorteile. Wir haben die Natur für uns allein, denn Mountainbiker, Reiter und Wanderer bleiben zu Hause im Trockenen. Auch viele Hunde-

»Nach dem Regen scheint die Sonne besonders hell.«

Sprichwort

Leila verquirlt Wasser und Sand zu Matsch.

Ganzkörper-Peeling á la Leila.

Abkühlen im Wasser ist ein absolutes Highlight auf dem Walk.

halter finden, dass der Hund bei Regen nicht vor die Tür muss. An solchen Tagen wird die sonst so angestrebte Auslastung vernachlässigt: kein Mantrailing, kein Agilty – bei Regen ist Ruhetag und Chillen auf dem Sofa angesagt. Sicher, gemeinsam einfach einmal nichts zu tun, ist eine tolle Sache. Ich teile diese Auffassung. Aber ich mache dies nicht unbedingt wetterabhängig. Faulenzen ist auch bei Sonnenschein eine ganz wunderbare gemeinsame „Beschäftigung". Bekanntermaßen gibt es kein schlechtes Wetter für Hunde, sie müssen doch immer raus, oder? Aber wie lange kann ich meinem Hund einen Gang bei Regenwetter zumuten? Für diese Antwort sollte jeder Hund individuell betrachtet werden. Alter und Fitness müssen in Relation zu Stärke und Art des Niederschlages gesetzt werden. Die sechsjährige Retriever-Hündin Emma habe ich mehrfach dabei beobachten können, wie sie ihren trockenen Schlafplatz verlässt, um sich in den Regen zu setzen. Für Emma könnte es immer regnen – nur stürmisch sollte es bitte nicht sein. Der dreijährige Ridgeback Samu hingegen verabscheut alles, was nass ist, das ist nicht schwer festzustellen. Aber er lässt sich gern überreden. Kaum ist er ein paar Schritte im prickelnden Regen mitgelaufen, kommt er auf den Geschmack und tobt ausgelassen mit den anderen Hunden um die Wette. Da er kurzfellig ist und nicht die ganze Zeit über rennt, sollte ein Walk bei kühleren Temperaturen nicht zu lange dauern. Sonst ist es vorbei mit seiner guten Laune. Die ältere Boxer-Hündin Sina ist immer motiviert – wetterunabhängig. Ihre Lebenseinstellung ist: „Ich gehe mit Dir, wohin Du willst, ganz egal bei welchem Wetter!" Aber hier entscheide ich zu ihrem Wohl, dass wir erst warten, bis es aufhört zu regnen. Ihre alten Knochen sollen nicht nass werden und sie darf auf keinen Fall auskühlen. Arthrose geplagt wie sie ist, wäre sie sonst schmerzhaft lahm am nächsten Tag.

Zum Glück folgt auf jeden Regen bald wieder die Sonne. Die Hunde und ich sind uns einig: Es läuft sich eindeutig schöner bei Sonnenschein.

HUNDE LIEBEN WASSER

Wasser ist ein Lebenselixier, Fitness für Körper, Geist und Seele, kaum eingetaucht, fühlt man sich wie neugeboren, denn im Wasser ist man schwerelos und leicht. Der Hund braucht das Schwimmen nicht mühsam zu erlernen, er schwimmt, wie er läuft, in der Bewegungsabfolge des Trabes. Er muss nicht darüber nachdenken, was er tun muss, sondern kann es automatisch.

Natürlich können nicht alle Hunde gleich gut schwimmen. Einige werden allein durch einen unvorteilhaften Körperbau oder eine üppige Behaarung keine Schwimm-Cracks. Der Dackel, oder noch extremer der englische Basset, hat mit seinen kurzen Beinen und dem langgestreckten Körper von Natur aus eine schwierige Wasserlage. Vergleicht man ihre Körper mit einem Boot, dann laufen diese Rassen beim Schwimmen Gefahr, aufgrund ihres fehlenden „Kiels" eine „Eskimorolle" zu machen. Rassemerkmale wie die kurzen Nasen der Bulldogen, die tiefe Brust der Boxer, die langen Beine der Windhunde oder das dichte Fell der Tibet Terrier, das sich schnell voll Wasser saugt – sie machen diesen Hunden das Schwimmen nicht gerade leicht. Instinktiv gehen die körperlich weniger begünstigten Hunde nur so weit ins Wasser, wie sie Grund unter den Füßen spüren. Und es gibt tatsächlich auch Golden und Labrador Retriever, die sich nur wenig zutrauen und das Schwimmen deshalb vorsichtshalber meiden. Dennoch können alle Hunde von Natur aus schwimmen, manche wissen es nur einfach nicht oder trauen sich nicht. Sie benötigen dafür unsere Hilfestellung und Anleitung.

Bulldoggen schwimmen gern, aber sie brauchen dabei Hilfestellung.

Schwimmen stärkt bei Junghunden Muskulatur ...

WASSER – EIN JUNGBRUNNEN

Über meine Arbeit als Hundephysiotherapeutin, Schwerpunkt Aquatraining, habe ich immer wieder den „Aha-Effekt" bei Hund und Halter beobachten können: „Aha!", der Hund kann tatsächlich schwimmen und – wer hätte das gedacht –, er hat sogar Spaß daran! „Das tue ich meinem Senior nicht mehr an!", wurde mir gesagt, als ich bei Arthrose zum Schwimmen riet. Dabei drehen gerade die Senioren im Wasser noch einmal richtig auf. Befreit vom eigenen Körpergewicht, können sich ihre „eingerosteten" Gelenke schonend und funktional, vor allem aber schmerzfrei bewegen. Damit entfällt auch das gelenkschädigende „Stopp and Go" beim Apportieren. Es dürfen wieder Bälle und Beute geholt werden. Der arbeitslose Senior hat endlich wieder eine Aufgabe. Der kleine Dackel-Mix Rex war sechzehn Jahre alt, als ich ihn erstmalig mit zum Schwimmen nahm. Rex wurde zunehmend von neurologischen Ausfällen bis hin zu Lähmungserscheinungen geplagt. Nach dem Schwimmen hüpfte er voller Freude, so als sei er in einen Jungbrunnen gefallen. Von Mal zu Mal wurde er agiler. Über das Schwimmtraining konnte er erneut mobilisiert und stabilisiert werden. Der rüstige Rex wurde zwanzig Jahre alt und war bisher mein ältester Gast.

… und Bindegewebe.

Und nebenbei wird zusätzlich Vertrauen aufgebaut.

HILFE BEI ANGEBORENEN WACHSTUMSPROBLEMEN

Das Schwimmtraining verhilft alten Hunden zu neuer Mobilität, aber auch junge Hunde profitieren davon. Mein weißer Schäferhund Wolfi zum Beispiel war im Wachstum weich und schlabberig, sein Bindegewebe schien nicht das Beste und auch seine Hüfte machte keinen wirklich stabilen Eindruck. Über regelmäßiges Schwimmtraining hat er sich zu einem starken Rüden entwickelt und die aufgebaute, jetzt kräftige Muskulatur hilft dabei, seine nicht optimale Hüfte zu stabilisieren.

WASSER BRINGT HUNDE INS GLEICHGEWICHT

Muskelaufbau brauchte auch der dreibeinige Galgo Español Herr Rossi. Fünf Jahre verbrachte er in spanischen und deutschen Tierheimen. Als er zu uns kam, hatte er weder Ausdauer und Kondition, noch Koordination und Gleichgewichtssinn. „Naja gut", werden Sie nun sagen, „ihm fehlt ja auch ein Bein, wofür braucht er Gleichgewicht, geschweige denn Ausdauer, der braucht einen Sofaplatz und einfach seine Ruhe!" Aber Rossi ist erst sechs Jahre jung. Er ist zwar misstrauisch und scheu, aber lebenshungrig möchte er alles nachholen, was er bis jetzt verpasst hat. Gerade die unsicheren Hunde – Hunde, die sich nichts zutrauen – sollten mit Unbekanntem, so auch Wasser, konfrontiert werden. Durch eine sichere Hilfestellung geht die anfängliche Skepsis vor dem Wasser rasch verloren: „Ich schaffe das. Ich kann tatsächlich Schwimmen!", erkennt auch der scheue Tierschutzhund schnell. Dazu das Lob der Bezugsperson „wie sensationell toll der Hund das gemacht hat!" Gestärkt und mit neuem Selbstvertrauen treten genau diese Hunde nun auch anderen „unheimlichen" Alltagsdingen mutig entgegen.

In gleicher Weise habe ich Rossi das Schwimmtraining angeboten und er konnte enorm schnell davon profitieren. Seine Muskeln wurden durch die Bewegung gegen Wasserwiderstand schneller, effektiver und vor allem schonender trainiert, als dies zum Beispiel beim Laufen am Rad möglich gewesen wäre. Durch den Wasserdruck wurde zum einen seine Haut massiert, zum anderen kamen Kreislauf und Stoffwechsel endlich wieder in Schwung. Die Abwehrkräfte wurden gestärkt und sein angeschlagenes Immunsystem erholte sich rasch. Schon nach vier Schwimmeinheiten konnte ich Herrn Rossi durchs Wasser führen und er schwamm dabei, ohne aus dem Gleichgewicht zu kommen, enge Achten. Sensationell! Das fand nicht nur ich, Herr Rossi war mindestens genauso zufrieden mit seiner Leistung.

AUSLASTUNG DURCH ENTSPANNUNG

Wassers umfasst uns, es wirkt beruhigend und entspannend und ist dadurch positiv für unsere Psyche. Das empfinden nicht nur wir Menschen so, sondern auch unsere Hunde. Es gibt Untersuchungen zu Arbeitshunden (zum Beispiel zu Lawinensuchhunden), dass sie schneller regenerieren, wenn sie zum Ausgleich regelmäßig schwimmen. Die meisten Sportarten bringen zudem eine körperliche Überlastung mit sich. Im warmen Wasser werden die überbelasteten Strukturen gelockert und erneut aufgebaut. Damit ist Schwimmen auch für Hunde, die aktiv im Hochleistungssport eingesetzt werden, eine gute Ergänzung.
Im Rahmen meiner Arbeit als Schwimmtherapeutin lernte ich das Border-Collie-Mädchen Annie kennen. Da im Winter kein Training möglich war und es der Hündin an Auslastung fehlte, kam die „gelangweilte“ Annie alternativ zu ihrem Leistungssport, dem Agility, zum Indoor-Aquatraining. Beim Schwimmen legten wir Wert auf entspannte Bewegungen und verzichteten auf den Apport. Der Genuss am Schwimmen sollte im Vordergrund stehen. Annie hatte so auch im Winter eine Aufgabe: das Schwimmtraining. Nebenbei wurde ihre Muskulatur erhalten und für die kommende Saison gestärkt.

Sicherer Halt schafft Vertrauen.

Steigerung der Vertrauensübung: den entspannten Hund sanft drehen und in Rückenlage bringen.

FREUDE AM WASSER VERMITTELN

Annie schwimmt gern, sie kam schon früh mit Wasser in Berührung. Mancher Hundehalter allerdings scheut allein den Mehraufwand an Pflege, wenn der Hund nass ist. Es ist zum Beispiel angenehmer, einen Kurzhaar-Collie nach einem Schwimmausflug ins Auto zu setzen als einen Langhaar-Collie, und ein Schäferhund riecht nass unangenehmer in der Wohnung als ein Weimaraner. Und da auch nicht jeder Hund als Wasserratte geboren wird, gibt mancher Hundehalter schnell auf und ist der Meinung: „Mein Hund mag einfach nicht nass werden, er hat keinen Spaß daran im Wasser zu planschen und schwimmen will er schon gar nicht.“ Aber gerade bei wasserscheuen Hunden ist es wichtig, Freude am nassen Element zu vermitteln. Bitte nicht falsch verstehen, kein Hund muss eine Wasserratte werden, aber zu wissen, dass man sich bei sommerlichen Temperaturen abkühlen kann, ist für jeden Hund eine sinnvolle Erfahrung.
Auch sollte jeder Hund wissen und erfahren dürfen, was er kann. Das ist wichtig in Situationen, wenn unser Vierbeiner beispielsweise auf einer Bootstour vom Boot fällt, oder aber ganz einfach einer Ente hinterhersetzt. Das geschah im Winter, als mein Galgo Espanõl Macano, bekleidet mit einem Fleecemantel, einen Schwan jagte. Der Rhein hatte Hochwasser, das Wasser hatte die Wiese und auch die sich daran anschließende Kaimauer überflutet. Rückruf und Pfiff blieben

Anschließend langsam rückwärts durchs Wasser gleiten.

erfolglos: Macano war vom Jagdfieber gepackt und rannte blindlings über die überschwemmte Wiese dem Schwan hinterher. An der überfluteten Mauer angekommen, verlor er den Grund unter den Füßen und wurde mit dem Mantel ins tiefe Wasser gerissen. Windhunde wollen in der Regel nicht schwimmen, wenn man sie fragt. Jetzt musste er, und unser Schwimmtraining zahlte sich aus. Er blieb gelassen, kämpfte nicht gegen die Strömung an, sondern ließ sich stattdessen von ihr an Land tragen. Dort gestrandet, schüttelte er sich, als sei nichts weiter geschehen und signalisierte mir, ihm doch bitte zügig den nassen Mantel auszuziehen. Macano genoss sichtlich das Abenteuer, es hat ihm weniger ausgemacht als mir. Er weiß, dass er schwimmen kann, wir hatten es oft genug vorher „geübt" – überlebenswichtig in solch einer Situation. Hunde neigen aber auch gern zur Selbstüberschätzung. Sie können nicht überschauen, was alles hätte passieren können. In der Folgezeit habe ich Macano deshalb solange vor ähnlich gefährlichen Abenteuern angeleint geschützt, bis er zuverlässig abrufbar war.

ENTSPANNUNG DURCH VERTRAUEN

Beim Schwimmtraining mit dem ungeübten Hund bewegt man sich gemeinsam durch das Wasser. Hunde müssen sich dabei der Führung anvertrauen und kooperieren. Das erleichtert die Kontaktaufnahme, und fortschreitende, und seien es noch so kleine Schwimmerfolge stärken damit automatisch die Bindung. Ein schönes Beispiel dazu erlebte ich mit meinem Gast Jackson, einem schlaksigen, hochbeinigen Greyhound mit schlechtem Körpergefühl. Er war zwar schmusig, aber sehr introvertiert. Ich habe überlegt, wie ich ihn aus seiner Welt herausholen kann, und habe das gemeinsame Schwimmen dafür gewählt. Nicht alle Hunde springen gleich freudig ins Wasser. Manche muss man ans Schwimmen und an die Schwerelosigkeit heranführen. Ich habe Jackson nicht gefragt, er hätte womöglich „Nein!" gesagt. Ich habe ihn angeleint, locker zum Pool geführt, ihn bestimmt und sicher auf den Arm genommen und vorsichtig ins Wasser gehoben. Sehr zu meinem Erstaunen, vermutlich auch zu seinem eigenen, schwamm er völlig problemlos direkt los. Wir sind zwei, drei Runden zusammen durch den Pool, er geschwommen und ich gelaufen. Für die nötige Schwimmpause schlug ich dem Hund mein ausgestrecktes Bein vor, auf dem er sich absetzen sollte. Dabei bot es sich an, ihn in die Rückenlage zu bringen. Wie bereits das gemeinsame Schwimmen, nahm er auch diesen Vorschlag bereitwillig an. Genüsslich und immer entspannter, ließ er sich von mir, sicher gehalten, auf dem Rücken durchs Wasser ziehen. Voller Vertrauen genoss er in vollen Zügen die Schwerelosigkeit und suchte dabei das erste Mal aktiv und von sich aus meine Hilfe. Es war für uns beide ein ganz großartiges Erlebnis. Wir haben dieses Schwimmerlebnis, das „Wir-Gefühl", mit in unseren Alltag nehmen können, denn Jackson ist jetzt offen für meine Vorschläge und bereit für ein Miteinander.

DEN HUND ANS WASSER HERANFÜHREN

Labradore, Neufundländer oder der spanische Wasserhund zum Beispiel sind für die Wasserarbeit gezüchtet und lieben rassebedingt den Umgang mit Wasser. Aber wie können wir den wasserscheuen Hunden das Element Wasser am besten ans Herz legen?

Geht das überhaupt? Ja, man muss es nur wollen und als Hundehalter mit freudiger und entschlossener Motivation vorangehen. Der Besitzer des langfelligen und schwimmunlustigen Berner Sennenhundes Carlo zum Beispiel, scheute keine Mühe. Geduldig und mit gezielter Anleitung konnte er seinen Hund für das Schwimmen begeistern. Der anfangs noch bockige, wenig kooperative Carlo entdeckte dabei, dass er etwas kann, was seinem Menschen unglaubliche Freude bereitet: das Schwimmen! Motiviert durch das Lob seines Hundehalters wurde er von Mal zu Mal kooperativer. Sonst eher träge und lustlos, bot er sogar das Apportieren von sich aus an. Die über das Schwimmen entfachte Kooperations- beziehungsweise Kommunikationsbereitschaft war eine wichtige Erfahrung für das Mensch-Hund-Team.

01

WASSERTRAINING

— Wichtig ist, dass die Führperson mit dem Hund ins Wasser geht und das Schwimmen zu einer gemeinsamen Aktion macht. Die Führperson läuft durchs Wasser, der Hund schwimmt hinterher, das ist das Ziel. Für den eigenen festen Stand im Wasser braucht man entsprechendes Schuhwerk, wie zum Beispiel Gummistiefel, Anglerhose oder Crocks.
— Beim Erstkontakt mit Wasser sollten Außen- und Wassertemperatur mild und für den Hund angenehm sein.

02

03

04

05

»Töricht ist, wer weder lesen noch schwimmen kann.«

Alte griechische Weisheit

- Der Hund muss beim Schwimmen gut und sicher im Wasser gehalten werden. Er braucht Raum für seine Schwimmbewegung, darf aber nicht kippen und seine Pfoten sollten im Wasser bleiben. Platscht der Hund zu stark mit den Pfoten, reißt er insktinktiv den Kopf hoch, um kein Wasser in Augen und Nase zu bekommen. Dadurch verschlechtert sich seine Wasserlage und der Hund schwimmt dann nicht mehr waagerecht, sondern senkrecht.
- Ein Brustgeschirr mit Griff oder noch besser eine Hundeschwimmweste gibt der Führperson mehr Möglichkeiten, den Hund zu stabilisieren, ohne dabei ins Fell greifen zu müssen. Mit einer Schwimmweste bleibt der Hund in der Regel stabil waagerecht im Wasser. Das vermittelt direkt von Beginn an ein sicheres Gefühl. Trägt der Hunde keine Schwimmweste, kann man ihn mit einer Hand unter dem Bauch sanft unterstützen, ohne ihn dabei hochzuheben.
- Begonnen wird in kurzen Zeiteinheiten und Pausen zum Entspannen. Je nach Hund reichen anfangs ein paar Schwimmzüge, diese nicht zu oft wiederholen, lieber am nächsten Tag das Schwimmtraining fortsetzen (ca. fünf- bis zehnmal).
- Anfangs wird im flachen Wasser mit nur wenig Gefälle zum Ufer hin geübt. Der Untergrund sollte dem Menschen einen guten Stand bieten und nicht zu steinig oder zu sumpfig sein.

01 *Angeleint und locker, aber bestimmt ins Wasser führen.*

02 *Die Schwimmweste hilft den Hund zu stabilisieren.*

03 *Der Hund sollte eine Armlänge Abstand halten.*

04 *Eine kleine Runde reicht anfangs völlig aus.*

05 *Schwimmen als gemeinsame Aktion baut Vertrauen auf und stärkt die Bindung.*

— Die Führperson geht entschlossen ins Wasser vor und der Hund folgt. Gibt man nur begrenzt Raum zur Verfügung, schließen sich die Hunde recht zügig an. Ermuntert werden sie über Stimme, Körperhaltung und einen sanften (!) Leinenimpuls. (Die Leine sollte nicht zu lang sein.) Aber Herdenschutzhund-Mix Nieke zum Beispiel, war partout nicht dazu zu bewegen, mich ins Wasser zu begleiten. Als wir bereits in Wassernähe waren, nahm ich sie kurzerhand auf den Arm, ihr Gewicht ließ dies noch gerade so zu, und trug sie, sicher gehalten, bis zu einer Stelle im Uferbereich, wo ich selbst noch einen guten Stand hatte, der Hund aber bereits auf „Zehenspitzen" stehen musste. An solchen Stellen greift schon die Schwerelosigkeit des Wassers. Der Hund setzt nicht mehr so viel Masse entgegen und so reichte ein kleiner Impuls, dass Nieke sich mir schwimmend, ganz „von sich aus", anschloss. Schwer zu motivierende Hunde müssen kräftig und überschwänglich gelobt werden, deswegen ist schon beim ersten Schwimmzug ein freudiges Loben angebracht. Der Hund speichert dies ungefähr so ab: „Hey, die Frau ist super und ich bin freiwillig mit ihr schwimmen gegangen!", und nicht: „Die Böse hat mich ins Wasser getragen."

— Wichtig ist, dass der Hund keine Möglichkeit bekommen kann, aus der Situation zu flüchten. Die Schwimmsituation, gerade für unsichere oder unkooperative Hunde, muss immer eine von der Führperson kontrollierte Aktion bleiben, in der sich unser Vierbeiner aufgrund der vermittelten Ruhe wohlfühlen kann.

Spaß am Schwimmen ist ansteckend.

Die erfahrene Rosa zeigt der jungen Elsa, wie es geht.

— Der Hund sollte beim Schwimmen eine Armlänge Abstand halten. Erreicht wird dies über Spannung in den Armen. Hundekrallen sind scharf und Berührungen sind sehr schmerzhaft, um sich selbst zu schützen, verliert die Führperson im Verletzungsfall den festen Stand und kann dem Schwimmneuling keine Sicherheit mehr geben. Dies sollte unbedingt vermieden werden.

— Den Anfänger lässt man nun in einem kleinen Halbkreis um sich herumschwimmen. Je nach Hund kann man ihn für die Pause auf den Arm nehmen (dabei auf die Krallen achten!) oder man begleitet ihn, auf einer Höhe, wieder an Land. Auch hier sollte der Hund nicht aus der Situation herausstürmen, sondern sicher und bestimmt aus ihr herausgeführt werden. Er lernt so, dass er immer wieder festen Boden unter die Füße bekommt.

— Hat man das Schwimmen ein paar Mal wiederholt, idealerweise über mehrere Tage, verhält sich der Hund in der Regel bereits ungezwungen und aufgeschlossener dem Wasser gegenüber. Ist das der Fall, kann man den Hund, der noch am Ufer steht, vom Wasser aus auffordern, heranzukommen. Unterstützt

wird dies mit einer Schleppleine. Ist es zu früh und der Hund dazu noch nicht bereit, sollte man erneut im „kleinen Raum" mit kurzer Leine üben.

— Jeder Hundehalter kann auf diese Art und Weise seinem Hund das Schwimmen selbst beibringen. Gerade bei den wasseraffinen Hunden ist das kein Problem. Wichtig ist, den Hund genau zu beobachten, ihn im Wasser zu führen, aber dennoch selbstständig agieren zu lassen, um aber auf den Punkt zu unterstützen, wenn Hilfe benötigt wird.

INFO FÜR MEHRHUNDEHALTER

Wasserscheue Hunde lassen sich über eine soziale Hundegruppe schnell ans Wasser gewöhnen, denn Hunde schauen sich gegenseitig zu und ahmen sich nach. Der Spaß, den die anderen im Wasser haben, überträgt sich auf den Skeptiker. Er schließt sich zudem ungern aus, wenn der Leitmensch die Aktion am Wasser vorschlägt. Der skeptische Hund bekommt einen begrenzten Raum (kurze Leine), um eine „Pro-Wasser-Entscheidung" zu fällen. Er denkt so, er sei von ganz allein auf die grandiose Idee gekommen, sich der Gruppe anzuschließen und mit durchs Wasser zu laufen.

Wichtig: Ein Welpe braucht noch nicht zu schwimmen. Hier reicht es, ihn kurz, sanft und sicher auf dem Arm durchs Wasser zu tragen. Für eine negative Erfahrung reicht es schon, wenn er Wasser in Nase und Augen bekommt. So kann auch ein Planschbecken bereits eine Überforderung für die Kleinen sein. Welpen dürfen nie mit Planschbecken, Pool oder Teich im Garten sich selbst überlassen werden. Im schlimmsten Fall droht das Ertrinken, wenn sie das Wasser aus eigener Kraft nicht mehr verlassen können.

DER INDOOR-POOL – IDEAL FÜR DEN EINSTIEG

„Aller Anfang ist schwer." Hat der Hund Angst vor Wasser, beziehungsweise Unsicherheiten beim Schwimmen, dann braucht man Geduld und Sportlichkeit. Dazu gehört auch die nötige Erfahrung, wie man genau diesen Hund am optimalsten ans Wasser gewöhnt. Wer selbst unsicher ist, sollte lieber ein Schwimmtraining mit entsprechender Therapeutenbegleitung in einem Indoor-Pool für Hunde buchen. Das Wasser ist dort mit circa 27 Grad auch im Winter karibisch warm. Der Hund schwimmt unter immer gleichbleibenden Bedingungen: Es gibt keine Wellen, keinen Wind und keine ablenkenden oder irritierenden Reize. Ideal also, um sich ganz aufs Schwimmen konzentrieren zu können.

Zunächst wird der Hund mit dem Wasser, dann mit dem Schwimmen vertraut gemacht. Bewegt sich der Hund sicher im Wasser, wird der Halter entsprechend geschult. Anfangs ist es für viele Hunde von Vorteil, wenn der Hundehalter am Rand des Pools steht. Der Hund hat auf diese Weise eine hohe Motivation, dorthin zu schwimmen. Wird der Schwimmanfänger dabei von Frauchen oder Herrchen freudig angefeuert, sprich positiv unterstützt, ist er gleich doppelt motiviert und absolviert eifrig seinen ersten Schwimmversuch.

Übrigens, es lernt sich zwar leichter in jungen Jahren, aber um Schwimmen zu lernen ist ein Hund nie zu alt. Meine beiden Whippets haben sich erst mit elf Jahren ihr Seepferdchen erschwommen, heute, mit fünfzehn Jahren, sind sie meine Vorschwimmer und zeigen den unerfahrenen Hunden souverän, wie es geht.

Guten Schwimmern reicht ein Stamm als Ausstieg.

Gefahrenzone für Hund und Mensch: Eisflächen.

WASSERRATTEN

Der eine Hund braucht Motivation, Anfeuerung und Unterstützung, der andere steht schon beim Wort „schwimmen" mit gepackter Badetasche an der Tür. Letztere müssen ein zeitliches Limit beim Schwimmen bekommen, um Hyperaktivität und daraus folgende Überforderung zu vermeiden. Wie schon erwähnt, neigen Hunde dazu, sich zu überschätzen. Sie sollten folglich verantwortungsvoll gesichert werden. Auf einem Boot zum Beispiel, sollte der Hund, auch wenn er gut schwimmen kann, immer eine Schwimmweste tragen, zumindest aber ein Brustgeschirr, um den Hund greifen oder auch eine Rettungsstange einhaken zu können, falls er über Bord geht.
Läuft man beispielsweise an einem Kanal und hat seinen Hund nicht unter ständiger Beobachtung, kann es passieren, dass dieser übermütig mit einem Satz ins Wasser springt. Schnell stellt er fest, dass die Wände glatt und steil sind und er nicht mehr herauskommt. In solchen Situationen muss der Mensch Ruhe bewahren und mit ruhiger Stimme die Aufmerksamkeit des Hundes halten, während man sich parallel nach Ausstiegsmöglichkeiten oder Hilfe umschaut.
Seniorin Mala, die schwimmverrückte Münsterländerin einer Freundin, sprang bei winterlichen Temperaturen aus einer übermütigen Laune heraus in einen Wiesenteich. Der Kreislauf brach auf der Stelle zusammen und beim Eintauchen ins Wasser war Mala sofort bewegungsunfähig. Zum Glück war der Teich nicht tief und sie konnte schnell aus dem Wasser gezogen werden. An Land hatte sich meine Freundin ihren Schal ausgezogen und damit die ausgekühlte Hündin wieder warm gerubbelt. Glücklicherweise hatte sie einen trockenen Ersatzmantel dabei. Sie leint die altersbedingt schlecht hörende Hündin nun vor Erreichen des Teiches immer an, um ihr ein weiteres unschönes Erlebnis dieser Art zu ersparen.

GEFAHREN VERMEIDEN

- **Zeitlimit setzen** – Die körperliche Anstrengung beim Schwimmen ist nicht zu unterschätzen. Ein untrainierter Hund sollte in kurzen Intervallen antrainiert werden. Sonst ist Muskelkater die Folge.
- **Milde Wassertemperatur** – Mild ist die Wassertemperatur, wenn die Führperson den Hund ins Wasser begleitet und die Temperatur selbst als angenehm empfindet. Ist es zu kalt, besteht die Gefahr, dass der Hund auskühlt. In kaltem Wasser sind Stoffwechsel und Kreislauf auf Sparflamme, die Muskulatur wird nicht mehr ausreichend mit Sauerstoff versorgt. Muskuläre Schäden können vor allem bei Jagdeinsätzen die Folge sein. Eine Folgeerscheinung ist beispielsweise die Wasserrute, eine Lähmung der Rute. Sie wird vom Körper weggestreckt, die Spitze hängt dabei schlaff herunter. Das ist sehr schmerzhaft.
- **Kein Futter kurz vor dem Schwimmen** –, denn der Leitsatz „ein voller Bauch schwimmt nicht gern!" hat auch beim Hund seine Berechtigung.
- **Strömung** – Hunde überschätzen ihre Schwimmfähigkeiten bei schnellfließenden Gewässern. Jedes Jahr verlieren viele Hunde ihr Leben in Flüssen. Auftretende Strudel verunsichern selbst erfahrene Hunde und können sie in Panik bringen.
- **Scherben** – oder andere scharfe Gegenstände findet man leider immer wieder an und im Uferbereich jeglicher Gewässer.

- **Bewegungsreize** – Hinterherschwimmen, zum Beispiel von Booten und Schwimmern oder von Wassertieren, wie Enten, Schwänen oder Bibern. Letztere sind zum Teil sehr wehrhaft und können Hunde schwer verletzen. Zusätzlich setzt der Trieb die Vernunft aus und der Hund überschätzt sich.
- **Schlingpflanzen oder Gestrüpp** – Gefahr besteht besonders bei Hochwasser, zum Beispiel Brombeerdornen
- **Kein selbstständiger Ausstieg aus dem Wasser möglich** – beispielsweise bei Pool, Kanal, Boot oder Bootssteg.
- **Gefrorene Eisdecke** – Durch die Eisdecke brechen oder in ein Eisloch fallen.
- **Schlechte Schwimmer** – Junge und unerfahrene Hunde. Hunde, die aufgrund ihres Körperbaus unsicher sind oder nicht gut schwimmen können. Hunde mit eingeschränkter Mobilität oder Sehbehinderungen.
- **Belästigung von Menschen** – Spielende Kinder am Strand müssen vor einem Umrennen geschützt werden. Hunde sollten nicht über die Handtücher der Strandbesucher laufen.
- **Bei starker Brandung/Sturm** – Meer (aber auch See und Fluß) meiden.
- **Gewitter** – Schwimmen ist bei Gewitter nicht möglich.
- **Salzvergiftung am Meer** – Übelkeit, Durchfall.
- **Verunreinigung und Essensreste** – Findet man häufig am Ufer von großen Flüssen. Kadaver von Wasservögeln, tote Fische, Abfälle, Verschlucken von Angelhaken.

Wichtig: Schwimmen ist sehr anstrengend. Der Hund erbringt dabei eine Hochleistung, die nicht unterschätzt werden darf. Deswegen sind Schwimmpausen wichtig. Je älter der Hund, desto länger die Pause (Welpen siehe Seite 169).

Fundstück: leckerer Fisch!

WAS KANN ICH IM UND AM WASSER ERLEBEN?

ANFÄNGER

- **Leckerchen fischen** – Leckerlis auf Plastikschalen geben und als Futterinseln ins Planschbecken setzen. Nun gilt es die Leckerlis aus den wackeligen Behältern zu angeln.
- **Beute fischen** – Beute (Apportel) in einen Wasserbottich geben. Angelt der Hund die Beute, muss er dafür Nase und Maul ins Wasser stecken. Ist der Hund über Beute nicht zu locken, erfüllt ein schwimmendes Leckerli diesen Zweck.
- **Blubberblasen machen** – Leckerli auf den Grund legen. Sobald der Hund die Nase ins Wasser steckt und ausatmet, kräftig loben.
- **Abkühlen** – Nur bei heißen Temperaturen. Den Hund angeleint ins Wasser führen und sanft mit Wasser benetzen. Der Halter setzt sich ins Wasser, der Hund kann es ihm nachtun, muss es aber nicht.
- **Wasser treten** – Laufen Sie mit dem Hund durchs Wasser. Über die Leine halten Sie den Hund in Ihrem Raum (siehe Seite 134). Beim Laufen werden Endorphine ausgeschüttet. Das dabei entstehende Glücksgefühl verknüpft der Hund positiv mit dem gemeinsamen Erlebnis im Wasser.

Spielerisch den Umgang mit Wasser lernen.

IMPULSKONTROLLE – ÜBUNGEN

Wasserverrückte Hunde können durch Übungen am Wasser ihre Impulskontrolle trainieren. Grundsätzlich ist es gerade für die triebstarken Hunde notwendig, sich kontrollieren und herunterfahren zu können. Die Leine hilft dabei, konsequent zu bleiben.

- **Erst fragen, dann schwimmen** – Die Basisregel ist: Nur nach Zustimmung des Halters darf der Hund ins Wasser springen. Dafür führt man den Hund ans Ufer und läuft entlang der Wasserkante. Erst gerade, dann in Kreisen. Der Hund soll sich trotz des verlockenden Wassers in die Führung fallen lassen. Wenn dies angeleint gut gelingt, wird der Hund ohne weiteren Kommentar abgeleint und die Übung fortgesetzt. Jetzt läuft man gemeinsam wie an einem unsichtbaren Band. Ist der Hund entspannt und sucht den Augenkontakt, kann nun die Erlaubnis zum Schwimmen gegeben werden. Kommt der Hund aus dem Wasser, kann die Übung fortgesetzt werden. Bei ballaffinen Hunden sollte man dabei kein Wurfspielzeug einsetzen, sondern auf sich und den Hund konzentriert bleiben.
- **Selbstbeherrschung** – Dafür ein Apportel über eine Schnur im Wasser sichern, sodass es nicht abtreiben kann. Der Hund soll, trotz des Reizes nicht hinterhersetzen, sondern lernen, sich zu beherrschen. Wie oben beschrieben, am Wasser auf und ab gehen, bis der Hund sich beruhigt hat. Holt man das Apportel ein, wird der Hund kurz gelobt und er darf – je nach Triebstärke – mit der Beute spielen (gegebenenfalls kontrolliert über Leine).

FORTGESCHRITTENE

- **Beute aus dem Wasser bringen** – Das Apportel wird ins Wasser geworfen, und der Hund holt es heraus. Eine Schleppleine stellt sicher, dass der Hund zuverlässig apportiert. Erhöhter Schwierigkeitsgrad: Der Hund bringt die Beute schwimmend. Dafür stoppt man ihn frontal im Wasser, hält ihn an der Brust und greift mit der anderen Hand nach dem Apportel. Ohne Boden unter den Pfoten, fällt es schwer die Beute loszulassen.

Josie ist eine echte Wasserratte. Sie soll lernen, sich zu kontrollieren und nicht direkt ins Wasser zu starten.

- **Gruppenschwimmen** – Wer ist als Erster an der Beute, und wer kann sie dem anderen schwimmend „klauen". Zergelspiele sind im Wasser doppelt anstrengend. Gegenseitige Rücksichtnahme ist hierbei die oberste Regel.
- **Tauchen** – Der Hund sollte bei den ersten Tauchversuchen im Wasser stehen können. Das Leckerli sichtbar ins Wasser legen. Je sicherer der Hund beim Tauchen wird, desto tiefer geht man ins Wasser (Training in kleinen Zeiteinheiten über mehre Tage). Der Profi kann auch aus dem Schwimmen heraus tauchen.
- **Weit springen** – Vom Steg oder Boot. Letzteres ist zusätzlich schwer, weil der Untergrund schwankt. Wichtig: Das Wasser muss ausreichend tief sein. Unter Wasser versteckte Hindernisse wie Felsen, Wurzeln oder Ähnliches, an denen sich der Hund verletzen kann, müssen ausgeschlossen werden.
- **Surfbrett** – Ins Wasser legen und darauf balancieren.
- **Gemeinsam schwimmen** – Ohne weitere Aktionen einfach so eine Strecke im Wasser gemeinsam zurücklegen. Man startet mit kurzen Strecken. Vorsicht: Hält der Hund schon an Land nicht die Distanzzonen (siehe Seite 24) ein, gelingt das im Wasser noch weniger und die scharfen Krallen können einen verletzen.
- **Sich ziehen lassen** – Zugkräftige Hunde, wie beispielsweise Neufundländer oder Landseer, können Frauchen oder Herrchen durchs Wasser ziehen.

Wichtig: Bei allen Übungen, bei denen der Hund an der Schleppleine ist oder ein Apportel mit Schnur holt, muss unbedingt darauf geachtet werden, dass er sich beim Schwimmen nicht in der Leine verheddern kann.

Profi Omo balanciert auf dem überfluteten Surfbrett.

THERAPEUTISCHES SCHWIMMEN

— eine Wohltat für Muskeln und Gelenke

Beim Menschen ist die Physiotherapie zur Prävention, zur Rehabilitation und trainingsbegleitend unverzichtbar geworden.

01

02

HEILEN DURCH SCHWIMMEN

Auch bei unseren Tieren werden diese Behandlungsmethoden immer häufiger erfolgreich eingesetzt. Im Vordergrund stehen dabei die Schmerzlinderung und die Erhaltung oder Wiederherstellung der Mobilität. Zu den Behandlungsmethoden zählen wir die klassische Massage, die manuelle Therapie, aktive und passive Bewegungsübungen, isometrisches Training, Thermotherapie (Einsatz von Wärme und Kälte) sowie

01 Wasserscheue Hunde benötigen Zeit, um Vertrauen zu fassen.

02 Der Therapeut steuert mit der Schwimmweste den Hund und greift korrigierend in die Bewegungsabläufe ein.

03 Die Schwimmweste gibt Auftrieb und sorgt für eine gute Wasserlage. Die Führung durch den Therapeuten gibt dem Hund zusätzlich Sicherheit.

04 Sporthunde sind belastbarer, denn das Schwimmtraining steigert Kondition und Kraft.

03

04

die Hydrotherapie, also die Therapie mit und im Wasser. Besonders wirkungsvoll ist dabei das therapeutische Schwimmen. Es ist die beste Möglichkeit des gelenkschonenden Muskelaufbaus, da die Hunde nahezu schwerelos gegen den Wasserwiderstand arbeiten. Das Wasser hat eine Temperatur von mindestens 27 Grad Cesius, um durch die Wärme einen zusätzlichen durchblutungsfördernden Effekt zu erzielen. Der Wasserdruck regt dabei den ganzen Stoffwechsel an. Wichtig ist auch die Aktivierung gelähmter Patienten, zum Beispiel nach Bandscheibenvorfällen. Im Training von Hunden im Sport- oder Arbeitseinsatz wird es zur Steigerung der Kondition und Kraft eingesetzt.

Für das therapeutische Schwimmen gibt es in den Praxen eigens gebaute Indoor-Pools, damit ganzjährig, wetterunabhängig trainiert werden kann. Die Hunde tragen beim Schwimmen eine Schwimmweste. Sie gibt leichten Auftrieb und somit dem Patienten eine bessere Wasserlage und Sicherheit. Außerdem kann der Therapeut, der sich ebenfalls im Wasser befindet, den Hund damit steuern und gegebenenfalls auch korrigierend in die Bewegungsabläufe eingreifen. Der Besitzer unterstützt seinen Hund motivierend vom Beckenrand aus. Selbst wasserscheue Hunde gewinnen so schnell an Vertrauen.

Zur Verbesserung eines Zustands wird meist zweimal pro Woche trainiert. Zum Erhalt eines gewünschten Zustands reicht je nach Alter und Erkrankung eine wöchentliche Einheit oder eine alle 14 Tage. Die Schwimmdauer ist sehr individuell: zwischen 10 und 30 Minuten, mit oder ohne Pausen. Besonders vorsichtig muss man Patienten heranführen, die aufgrund einer Erkrankung (zum Beispiel Herz, Kreislauf, Epilepsie) in ihrem Leistungsvermögen eingeschränkt sind. Aber im Prinzip kann fast mit jedem Hund zumindest ein Versuch gestartet werden, ob das Schwimmen als Therapie zum Einsatz kommen kann.

Susanne Siebertz, Hundephysiotherapeutin

NACH DEM WALK

— ist vor dem Walk

ABTROCKNEN

Beim Abtrocknen lege ich großen Wert darauf, dass der Hund stehen bleibt und sich gut abrubbeln lässt. Ich achte darauf, dass ich dabei meinen Individualbereich schütze, denn der Hund soll mich nicht respektlos als Handtuch missbrauchen. Ich möchte dem Hund auch nicht mit wehendem Handtuch hinterherlaufen. Ziel ist, dass sich auch der temperamentvolle Hund ruhig und entspannt von oben bis unten abtrocknen lässt. Von den Ohren über die Fußballen bis hin zur Rutenspitze gehe ich über den gesamten Hundekörper, und ganz nebenher wird der Hund mit dem Handtuch massiert. Zugleich fallen eventuelle Schrammen oder Blessuren auf, die entsprechend verarztet werden können. Anhand folgender Punkte können Sie überprüfen, ob der Hund sich an Ihre Vorgaben hält: Er sollte entspannt stehen bleiben, nicht durch Ihre Beine laufen, Sie nicht umstoßen und sich nicht an Ihnen abrubbeln. Kann man dies beim Abtrocknen durchsetzen, kann es auch im wilderen Spiel gelingen, den Individualbereich zu schützen (siehe Seite 36).

PFLEGE KANN MAN ÜBEN

Beim Welpen ist die Pflege noch nicht so aufwendig. Das Pflegeprogramm sollte fest in den Tagesablauf integriert, aber zeitlich limitiert sein. Der Hund lernt dabei von klein auf, dass man ihn vom Ohr, über Pfotenballen bis hin zur Rutenspitze anfassen und abwischen kann. Auch ins Maul sollte er sich schauen lassen, denn eine gute Zahnpflege ist gesundheitserhaltend.

Der erwachsene Hund ist geduldiger und hat gelernt, zu warten. Jetzt kann man mehr Zeit in die Pflege stecken.

Auch die Hunde aus dem Ausland, Tierschutzhunde, die bisher nicht viel menschliche Fürsorge erfahren haben, werden gern umsorgt, solange man sie nicht mit Liebe überfrachtet. Ich starte nach der Ankunft der Pflegehunde ein individuell auf den jeweiligen Schützling abgestimmtes Pflegeprogramm. Gleich von Beginn an werden so auch bei misstrauischen und scheuen Hunden erste zarte Bande geknüpft. Gleichzeitig kann ich prüfen, ob der Hund parasitenfrei ist und schauen, ob Verletzungen vorliegen.

Zehe für Zehe wird abgetrocknet.

Einfach mal fallen und pflegen lassen – Manchita genießt es.

Geduldig wird gewartet, bevor es ins Haus geht: Zuerst wird jeder Hund einzeln gesäubert.

Ein Langhaarhund muss lernen, sich am kompletten Körper kämmen zu lassen. Die Hunde verfilzen, wenn man sie nicht ausbürstet. Einmal verfilzt, ist das Ausbürsten schmerzhaft und wird für alle Beteiligten mühselig und qualvoll. Ich hatte einen Eurasier zu Gast, der zu Hause nie gekämmt wurde. Das Ausbürsten war deshalb keine Aktion, um sich beim Hund beliebt zu machen. Aber es nützte ja nichts, wie bei allen Dingen in der Hundehaltung hilft das Vermeiden von Problemen nicht weiter, denn die Wolle musste ja raus.
Als die Weimaranerin Amber hier das erste Mal Urlaub machte, war ganz auffällig, dass sie noch nie die Beine abgeduscht bekommen hatte. Sie zappelte, wollte nicht still stehen bleiben und empfand das eigentlich alltägliche Prozedere als Zumutung. Ich sprach meine Beobachtung bei der Besitzerin an und bat darum, das Duschen zu üben. Und was für eine Freude und Arbeitserleichterung, als Amber sich beim nächsten Urlaub völlig problemlos die Beine säubern ließ. Perfektes Training! Im Alltag mit dem Hund sind es die Kleinigkeiten, die das Zusammenleben vereinfachen, nur muss man diese auch üben und trainieren, genauso wie zum Beispiel den Apport.

Die tägliche Pflege trägt zum Wohlbefinden des Hundes bei und sollte zum Tagesablauf gehören. Um sie nicht zur Qual oder lästigen Pflicht zu degradieren, ist es ratsam, das Pflegeprogramm zu ritualisieren. Je mehr der Hund die Pflege genießen kann, desto leichter wird die Arbeit für den Hundehalter, erst Recht bei den Langhaarhunden. Das wiederum entspannt das Mensch-Hund-Team gleichermaßen.

INFO FÜR MEHRHUNDEHALTER

Je mehr Hunde man hält, desto weniger sollte das Pflegeprogramm diskutiert werden müssen. Idealerweise stehen die Hunde in einer Art Schlange bereit und warten darauf, dass sie an der Reihe sind. Das tägliche Säubern und Bürsten trägt zur Gewöhnung bei, und je entspannter die Hunde sich dabei pflegen lassen, desto leichter fällt die Arbeit.
Anfangs leint man jeden einzeln an und macht Hund für Hund wohnungsfertig. Hat sich der Ablauf etabliert, warten die Hunde auch ohne Leine geduldig, bis es ins Haus geht.

DAS TÄGLICHE PFLEGEPROGRAMM

— **Fellpflege** – Die Fellpflege ist nicht unbedingt aus ästhetischen Gründen notwendig, aber nach dem Walk durch Wald und Wiesen finden sich gerade im Langhaarfell immer Pflanzenreste und auch Verfilzungen, die täglich herausgebürstet werden müssen. Meine Barsoi-Hündin Sophie beispielsweise lief keinen Meter mehr weiter, wenn sie Kletten im Fell hängen hatte. Auf meinen Walks lag für so einen Fall immer eine kleine Bürste in meiner Tasche. Nicht jeder Hund kann die Fellpflege genießen. Und doch merkt auch der Pflegemuffel schnell, wie angenehm es ist, wenn der Pelz nicht mehr juckt.
Beim Kurzhaarhund ist die Pflege einfacher. Hier reicht oft schon ein feuchtes Tuch, um den Hund zumindest oberflächlich zu säubern. Im Sommer findet man, begünstigt durch Wärme und Nässe gerade bei den dicht- und langbehaarten Hunden Hautentzündungen, die sogenannten „Hot Spots". Die Kurzhaarhunde haben häufig Probleme mit den Grasmilben (siehe Seite 149) und bekommen eitrige Pusteln am Bauch und an den Oberschenkelinnenseiten. Beides sollte dem Tierarzt gezeigt werden. Hunde, die getrimmt werden müssen, sollten nicht auf Schönheit getrimmt werden, sondern auf „Funktionalität". Leider erlebe ich immer wieder, dass die Hunde vor lauter Fell nichts sehen, weil entweder die Schur aufgeschoben wurde oder es als schick gilt, dass der Hund die Haare vor den Augen hängen hat.

— **Ohrenreinigung** – Die Ohren sollten täglich kontrolliert werden, ob sie klar und sauber sind. Nur wenn sie wirklich schmutzig sind, werden sie (sparsam) mit Ohrreiniger und Reinigungstüchern gereinigt. Sind sie gerötet, riechen fettig oder ranzig und ist schwarzer Dreck zu sehen, können Ohrmilben oder auch eine Ohrentzündung vorliegen. Dies muss dem Tierarzt vorgestellt werden.

— **Zahnpflege** – Das regelmäßige Zähneputzen sollte in das Pflegeprogramm mit aufgenommen werden, vor allem wenn der Hund zu Zahnstein neigt. Ein guter Trick die Zahnbürste „schmackhaft" zu machen, ist, sie zu Beginn sparsam mit Leberwurst zu bestreichen. So wird das Zähneputzen gleich als angenehm abgespeichert. Anschließend verwendet man Zahnpasta vom Tierarzt.

Das Haar an den Ohren wird erst mit der groben Bürste …

… danach vorsichtig mit einem feinen Kamm gebürstet.

— **Krallen kürzen** – Manche Hunde laufen sich die Krallen nicht selbst ab. Werden die Krallen zu lang, verändert sich die Zehenstellung und der Hund bekommt langfristig Arthrose in den Zehen. Spätestens wenn die Krallen klackernde Geräusche beim Laufen machen, müssen sie regelmäßig (vom Tierarzt) gekürzt werden.

PFLEGE LEICHTGEMACHT

— **Pflegeutensilien bereitlegen** – Bevor man das Pflegeprogramm startet, sollten alle Utensilien bereitliegen, um unnötige Unruhe zu vermeiden. Bürste, Kamm, feuchter Lappen und Schere. Gegebenenfalls eine Zahnbürste,

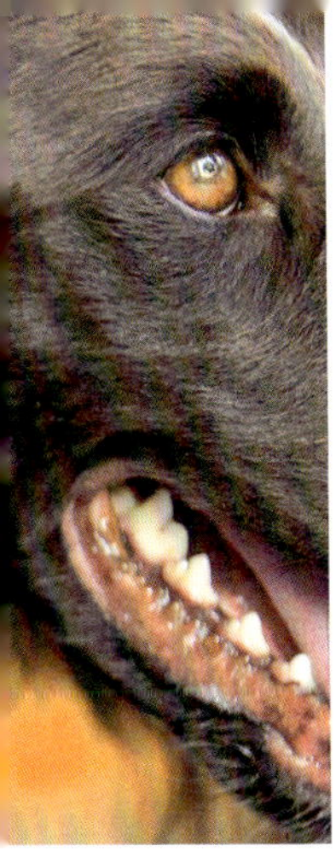

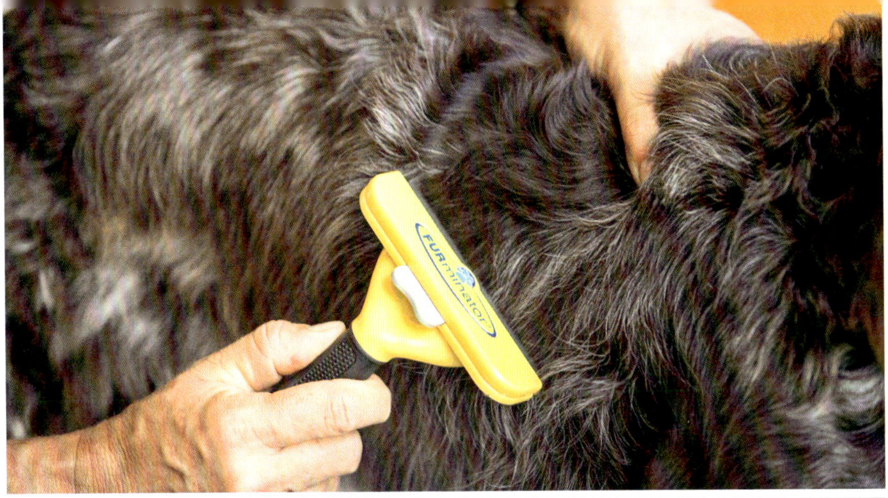

Der Furminator holt verfilzte (und überflüssige) Unterwolle aus dem Fell.

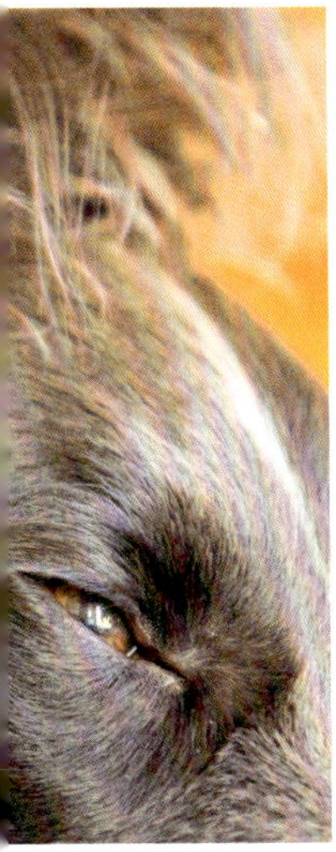

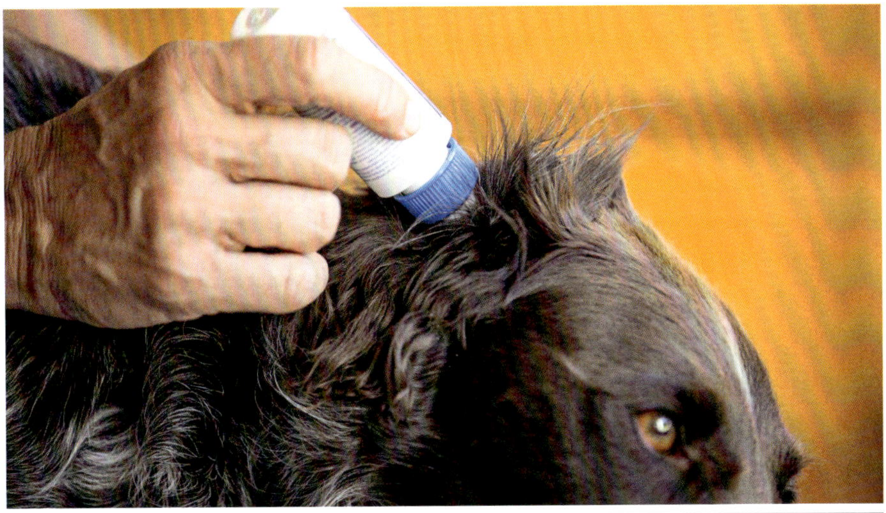

Ohrreiniger sollten sparsam verwendet werden, und nur wenn unbedingt nötig.

Zewas, Pflegecreme, Ohrreiniger und, wenn man es selbst macht, eine Krallenschere.

— **Die Pflege im Tagesablauf verankern** – Die Pflege des Hundes sollte eine Konstante im Tagesablauf bilden. Dafür bietet sich die Zeit nach dem Walk an, denn der Hund muss dann sowieso gesäubert werden. Ist an einem Tag mal weniger Zeit, fällt das Pflegeprogramm kürzer und weniger intensiv aus.

— **Einen geeigneten Standort wählen** – Ein fester Pflegeplatz hilft, die Pflege zu ritualisieren. Idealerweise gelangt der Hund über eine Rampe auf einen Tisch. So kommt man von allen Seiten komfortabel an den Hund heran, gleichzeitig wird der eigene Rücken entlastet und geschont.
Es kann aber auch eine Matte genutzt werden, auf der sich der Hund rundherum pflegen lässt. Hier muss man eventuell auf die Knie gehen, um auch unter den Bauch zu kommen. Zur Schonung der Knie, schiebt man am besten ein Kissen darunter.

— **Zeit und Geduld investieren** – Die Pflege sollte ruhig und entspannt ablaufen. Zeitdruck ist dabei ein falscher Berater, denn Ungeduld und Fahrigkeit übertragen sich auf den Hund. Ist der Hund sehr stark verfilzt, muss man in Etappen arbeiten und am nächsten Tag weitermachen. Bei der Pflege darf die Geduld des Hundes nicht überstrapaziert werden.

Wichtig ist: Der Hund darf nicht vom Pflegeplatz flüchten, das bestätigt gerade den anfangs verunsicherten Hund in seiner Skepsis. Über die Leine kann man solchen Hunden Sicherheit und Vertrauen geben.

Kuscheln bringt Seele und Körper ins Gleichgewicht.

AM ENDE DES TAGES

»Tue Deinem Leib Gutes, damit seine Seele Lust hat, darin zu wohnen.«

Teresa Ávila

Nach dem Pflegeprogramm ziehen sich die Hunde gern auf ihre Schlafplätze zurück. Manche kuscheln zusammen und liegen weich gepolstert, andere liegen lang ausgestreckt auf dem einfachen Holzboden. Jeder ganz nach seiner indivuellen Vorliebe. Die Hunde wissen, dass heute nicht mehr viel Aufregendes passiert, und mit dem Wissen schlafen sie entspannt ein und verarbeiten ihre Erlebnisse im Traum. Jeder Hundebesitzer kennt es, wenn sein Hund im Schlaf über die Wiesen rennt oder „wachsam" den Fremdhund verbellt.

Nach der Abendfütterung ist noch einmal Hundezeit. Jetzt wird gekuschelt, gestreichelt und je nach Hund auch massiert. Die Hunde interessiert es nicht, was für Prozesse in ihrem Körper ablaufen. Sie handeln wie immer ursprünglich und

Nicht der individuelle Tagesablauf ist entscheidend, sondern das einzuhalten, was man sich vorgenommen hat. Möchte man sich ruhig zum Hund setzen, ohne Aktivität zu suchen, sollte das auch nicht energiegeladen im wilden Spiel enden. Ruhezeit bleibt eine stille Zeit, vor allem für die „Energiebündel“. In den kleinen, häuslichen Situationen, kann man sich als Leitmensch reflektieren: Gelingt es mir die ruhigere Gangart durchzusetzen?

Gemeinsam doppelt schön.

instinktiv, wenn sie unsere Hand zur Streichelaufforderung schubsend animieren.
Die Haut jedoch ist die Hülle des Körpers und steht als größtes Organ mit allen anderen Organen in Kontakt. Streichungen und Massagen haben einen positiven Einfluss auf den Hormonhaushalt. Das stress- und schmerzmindernde „Kuschelhormon“ Oxytocin (siehe unter „Augenkontakt“, Seite 48) wird verstärkt ausgeschüttet und die Stresshormon-Produktion wird reduziert. Angenehme Berührungen bringen Seele und Körper ins Gleichgewicht und helfen, die Balance wiederzufinden. Körperliche Nähe zu suchen und zu finden, ist eine wichtige Basis der Mensch-Hund-Beziehung.
Unser junger Schäferhund Wolfi würde aus den ruhigen Kuschelstreichungen lieber ein Kampfspiel machen. Aber das hatten wir schon tagsüber, jetzt am Abend ist Zeit für die leiseren Töne.

INFO FÜR MEHRHUNDEHALTER

In einer Gruppe reagieren die einzelnen Hunde unterschiedlich auf Zuwendung, der eine lechzt nach Berührung, der andere meidet sie eher. Meine Aufgabe als Leitmensch ist es, die Vorlieben des Einzelnen herauszufinden. Massives Vordrängeln kann nicht toleriert werden. Es hat nichts damit zu tun, dass dieser Hund besonders viel Zuwendung braucht. Zieht sich ein Hund wiederum total zurück, impliziert dies nicht, dass er gemeinsames Kuscheln ablehnt. Biete ich Nähe und Streicheleinheiten an, ist es wichtig, dass die Distanzzonen aller Beteiligten eingehalten werden und keinem Hund „Raum“ genommen wird. Jeder Einzelne sollte sich auch während der Kuschelzeiten in der Gruppe geborgen fühlen. Gerechtigkeit spielt dabei weniger eine Rolle.

EINMAL MASSAGE BITTE

Die Massage empfindet nicht nur der kranke und alte Hund als wohltuend. Die Massage ist eine Zeit, in der man die Zuwendung seines Menschen ganz für sich allein hat. Auch der sportliche, agile Hund kann dabei herunterfahren und genießen. Zu beachten ist, dass ein Hund, der tagsüber bereits mit Aufmerksamkeit und Zuwendung überfrachtet worden ist, abends seine Ruhe haben haben möchte und keine weitere Nähe und Streicheleinheiten mehr braucht.

FÜR EINE ENTSPANNENDE MASSAGE

Der Hund sollte während der Massage auf einer nicht zu weichen, aber auch nicht zu harten Matte ruhen. Der temperamentvolle Hund braucht einen Augenblick länger, bis er zur Ruhe kommt. Diese Zeit sollte man investieren. Selbst Ruhe und Gelassenheit auszustrahlen, hilft dem Hund dabei. Leckerlis sind fehl am Platz. Der Hund würde, statt zu entspannen, versuchen herauszufinden, welches Kunststück er für das nächste Leckerli anbieten könnte. Im Idealfall liegt der Hund relaxt auf der Seite. Auch der Kopf sollte entspannt auf der Matte aufliegen. Der Hund darf nicht gezwungen werden, liegen zu bleiben, denn Zwang ist kein guter Begleiter für Entspannung. Steht der Hund auf, sollte man ihn nicht zwingen, die Massage fortzusetzen. Denn alles, was dann folgt, ist fernab von Entspannung.

Faustregel:
Immer in Fellrichtung streichen, mit sanftem, eher leichtem Druck und langsamen Bewegungen wie in Zeitlupe.

Nun beginnt man, den Hund sanft und langsam mit der flachen Hand von oben bis unten in Fellrichtung auszustreichen. Anfangs mit dem Handrücken, dann mit der aufgelegten Handinnenfläche. Erst seitlich an der Wirbelsäule entlang bis zur Rutenspitze, dann vom Hals bis zu den Pfoten herunter, danach von der Wirbelsäule

BERÜHRUNGSEMPFINDLICHE HUNDE

Diese Hunde benötigen besondere Aufmerksamkeit. Es muss berücksichtigt werden, dass ihr überfordertes Berührungssystem permanent in Alarmbereitschaft ist. Statt einer Stärkung der Mensch-Hund-Bindung ist ein Konflikt die Folge. Diese Hunde müssen ganzheitlich lernen, Reize aufzunehmen und zu verarbeiten. Man kann ihnen über das Tragen eines leichten Mantels das Gefühl für Berührung auf der Haut vermitteln, man kann sie täglich mit dem Handtuch streichen, mit Wasser abspritzen, auch Schwimmtraining ist zu empfehlen.

Es gibt viele Möglichkeiten. Einfühlsam sollte man Berührungen suchen, dabei nicht zögerlich, sondern führend; nicht überfrachtend, sondern situativ angepasst agieren. Mit viel Geduld kann auch so ein Hund Berührungen zulassen und genießen.

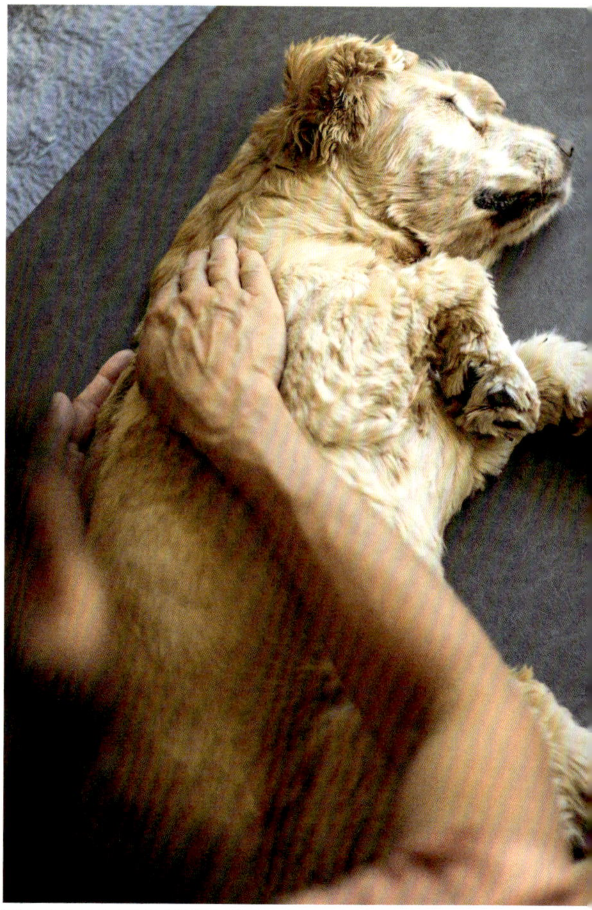

Langsam ohne Druck in Fellrichtung ausstreichen.

an den Rippenbögen entlang. Empfindet der Hund eine Berührung unangenehm, zeigt er dies mit Züngeln, Kopf anheben oder Fellzucken an. Zeigt er das Missempfinden immer im gleichen Körperbereich, sollte man dies tierärztlich abklären, ob eventuell ein Problem vorliegt.
Diese Massage ist für viele Hunde schon ausreichend. Ist der Hund weiter entspannt, kann man mit kreisenden, langsamen Streichungen im Uhrzeigersinn fortfahren. Anschließend hebt man die Haut etwas ab und knetet sie mit beiden Händen sanft s-förmig gegeneinander.
Zum Abschluss streicht man den ganzen Körper noch einmal langsam und weich aus. Der Hund sollte jetzt keinesfalls aufspringen und auch nicht dazu motiviert werden. Im Gegenteil, er sollte weiterschlafen, um die angenehmen Berührungen auch mental zu verarbeiten.

Krankheitsbedingte mögliche Gründe für Missempfindung bei Berührung

— Liegt eine neurologische Erkrankung vor, bei der die Neurotransmitter und ihre Funktionen beeinträchtigt sind und somit die Signalleitung zum Gehirn gestört ist, empfinden die Hunde bereits sanfte Berührungen als unangenehm oder sogar schmerzhaft. Die Hunde können Berührungsimpulse nicht richtig einsortieren. Sie reagieren mit taktiler Abwehr, mit Vermeidung und Furcht. Sie ziehen sich zurück und ihre Furcht kann schlimmstenfalls in Aggression umschlagen.
— Bei einer Neuropathie handelt es sich ebenfalls um eine Überempfindlichkeit der Haut. Diese kann durch Diabetes, Vitamin-B-Mangel oder ein Trauma (Verletzung) bedingt sein.

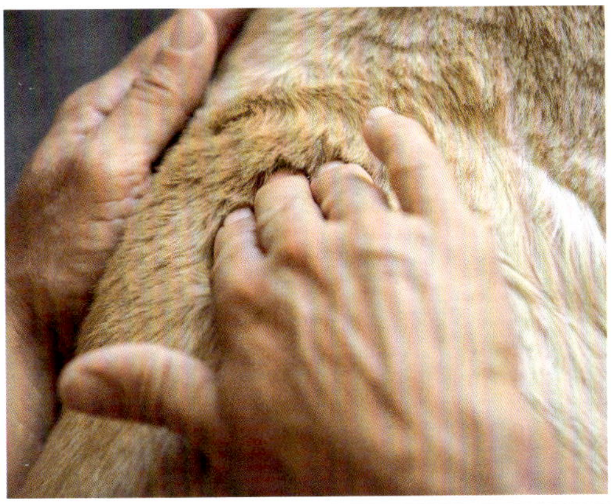

Sanfte Kreise im Uhrzeigersinn ziehen.

Die Zehen müssen behutsam behandelt werden.

Eine Auszeit bringt Entspannung in den Alltag.

SERVICE

— *Wissenswertes für Hundehalter*

ZUM WEITERLESEN AUS DEM KOSMOS-VERLAG

Bloch, Günther:
Der Wolf im Hundepelz. 2004

Bloch, Günther und Radinger, Elli, H.:
Der Wolf kehrt zurück: Mensch und Wolf in Koexistenz? 2017
Der Mensch-Hund-Code. 2016
Affe trifft Wolf: Dominieren statt kooperieren? Die Mensch-Hund-Beziehung. 2012
Wölfisch für Hundehalter: Von Alpha, Dominanz und anderen populären Irrtümern. 2010

Feddersen-Petersen, Dr. Dorit, Urd:
Ausdrucksverhalten beim Hund. 2008
Hundepsychologie. Mit 90 Minuten Hundefilmen auf DVD. 2013

Gansloßer, Udo, Kitchenham, Kate: **Beziehung – Erziehung – Bindung.** 2015
Kitchenham, Kate: **Wissen Hunde, dass sie Hunde sind?** Wie Hunde denken und fühlen. 2014

Golte-Bechtle, Marianne, Margot Spohn, Roland Spohn: **Was blüht denn da?** Mit 2000 Zeichnungen. 2015

Nadig, Alexandra: **Heilpflanzen für Hunde.** 2013

Stinglwagner, Gerhard, Haseder, Ilse und Reinhold Erlbec: **Das Kosmos Wald- und Forstlexikon.** 2016

QUELLENVERWEISE

Seite 8: Augustinus von Hippo 354 – 430, römischer Philosoph und Kirchenlehrer.

Seite 17: Günther Bloch, Kynologe und Autor zahlreicher Bücher (siehe oben).

Seite 42: Jesper Juul, dänischer Familientherapeut. Gründer des Kempler Institute of Scandinavia in Odder in Dänemark. Autor zahlreicher Bücher.

Seite 48: Hildegard von Bingen (1098 – 1179), deutsche Mystikerin, Äbtissin und Naturwissenschaftlerin, katholische Heilige

Seite 90: Neue nationalchronik der Teutschen: eine politische zeitschrift ... (seite 192) herausgegeben von Johann Gottfried Pahl. Autor: Johann Georg Jacobi – deutscher Dichter und Publizist.

Seite 95: Quelle: „Heutzutage", erschienen im Freya Verlag. Ernst Ferstl – österreichischer Lehrer, Autor zahlreicher Bücher.

Seite 99: Victor Marie Hugo (1802 – 1885), französischer Schriftsteller. Verfasser zahlreicher Gedichte, Romane und Dramen.

Seite 134: Kuhn, S.L., Raichlen, D.A., Clark, A. (2016) What moves us? How mobility and movement are at the center of human evolution. Evolutionary Anthropology. 25: 86 – 97.

Seite 147: Else Pannek (1932 – 2010) war Aphoristikerin und Dichterin aus Hamburg. www.narzissenleuchten.de

Seite 184: Teresa von Ávila, Karmelitin und Mystikerin. In der katholischen Kirche wird sie als Heilige und Kirchenlehrerin verehrt.

NÜTZLICHE ADRESSEN

Bene Bello
Hundehotel, Hundehort, Hunde-Reha
Ursula Löckenhoff
www.bene-bello.de

Gangwerk –
Praxis für Hundephysiotherapie
Susanne Siebertz
www.gangwerk.de

Tierheilpraxis Burgmann
Anja Burgmann
www.tierheilpraxis-burgmann.de

DANKE
Ich bedanke mich bei meiner Familie: André, Leonie, Lukas, Lilian Löckenhoff und Joachim Wackerbauer, bei meiner Kollegin Claudia Richter, meiner Lektorin Ute-Kristin Schmalfuß, bei meinen Hunden und Hundegästen.

REGISTER

BILDNACHWEIS

169 Farbfotos wurden von Anna Auerbach/Kosmos für dieses Buch aufgenommen.
Weitere Farbfotos von Gartenschatz GmbH/Bellmann (1: S. 155o); Ursula Löckenhoff (76: S. 17, 18, 19, 35, 42, 43, 44, 45, 46, 47, 60, 66, 70, 71, 79, 80, 81, 82, 86, 90, 91, 92, 98, 116, 117, 120, 121, 125, 128u.li., 132, 133, 134, 137, 138, 139, 142, 143, 144, 145, 146, 147, 148, 150, 151, 155u., 158, 159, 160, 162, 163, 168, 169, 170, 171, 172, 173u., 174, 175, 184, 185); Annika Ridder/Kosmos (1: S. 103); Dany Schwarz (1: S. 5); Tierfotoarchiv-Drewka/Kosmos (1: S. 155 Mitte); Katharina Will (1: S. 13)

IMPRESSUM

Umschlaggestaltung von GRAMISCI Editorialdesign, München unter Verwendung von Farbfotos von Anna Auerbach/Kosmos

Mit 250 Farbfotos

Alle Angaben in diesem Buch erfolgen nach bestem Wissen und Gewissen. Sorgfalt bei der Umsetzung ist indes dennoch geboten. Der Verlag und die Autorin übernehmen keinerlei Haftung für Personen-, Sach- oder Vermögensschäden, die aus der Anwendung der vorgestellten Materialien, Methoden oder Informationen entstehen könnten.

Unser gesamtes Programm finden Sie unter **kosmos.de.**
Über Neuigkeiten informieren Sie regelmäßig unsere Newsletter, einfach anmelden unter **kosmos.de/newsletter**

Gedruckt auf chlorfrei gebleichtem Papier

ISBN 978-3-440-15359-8
Redaktion: Ute-Kristin Schmalfuß
Gestaltungskonzept: Peter Schmidt Group GmbH, Hamburg
Gestaltung und Satz: Atelier Krohmer, Dettingen/Erms
Produktion: Andrea Hehn
Druck und Bindung: FIRMENGRUPPE APPL, aprinta druck, Wemding
Printed in Germany / Imprimé en Allemagne

FSC
www.fsc.org
MIX
Papier aus verantwortungsvollen Quellen
FSC® C004592